Karl-August Keil / Inge Keil

WIEDERHOLUNG DER ALGEBRA

I. Band

Termumformungen,
Lineare Gleichungen und Gleichungssysteme

BAYERISCHER SCHULBUCH-VERLAG

bsv Lehrprogramme
Mathematik

1978
8. Auflage

Hubertusstraße 4, München 19

Druck: G. Wagner, Nördlingen
ISBN 3-7627-3171-3

Vorwort

Dieses Lehrprogramm soll in erster Linie Schülern der Mittel- und Oberstufe der Gymnasien die Möglichkeit einer Wiederholung der Algebra bieten. Darüber hinaus kann es aber jedem helfen, der seine Algebrakenntnisse auffrischen will oder muß. Systematisch sind die Stellen berücksichtigt, an denen erfahrungsgemäß in Klassen- und Abiturarbeiten am häufigsten Fehler auftreten.

Das Programm umfaßt die linearen Gleichungen und Gleichungssysteme, Termumformungen und anderes. Teil V ist besonders ausgerichtet auf das, was in der analytischen Geometrie gebraucht wird.

Am Schluß der einzelnen Teile finden Sie jeweils einige Testaufgaben, an denen der Lernfortschritt zu prüfen ist. Falls Ihnen einzelne dieser Aufgaben noch Schwierigkeiten bereiten, sollten Sie die entsprechenden Seiten des Programms nochmals gründlich durcharbeiten.

Damit Sie selbst Ihre Algebra-Kenntnisse überprüfen können, lösen Sie bitte das folgende Gleichungssystem nach den Variablen x und y auf!

$$\text{I} \quad cxy - (x - c) \cdot (9 + cy) = -3c$$

$$\text{II} \quad \frac{cy - x}{y} = \frac{c}{3}$$

$x, y \in \mathbb{Q}, \; c \in \mathbb{Q}$

Lösungsmenge: $\mathfrak{L} = \left\{\left(\frac{8c}{6-c}; \frac{12}{6-c}\right)\right\}$
für $c \neq 0$ und $c \neq 6$.

Wenn Ihr Ergebnis nicht richtig ist oder wenn Sie gar nicht bis zu einem Ergebnis durchgedrungen sind, so arbeiten Sie jetzt auf der nächsten Seite weiter!
Wenn Sie das Gleichungssystem lösen konnten und die richtige Lösung fanden, so lesen Sie bitte die Seite 4, wo Sie über die Arbeitsweise mit diesem Lehrprogramm informiert werden. Anschließend können Sie aber gleich Seite 85 aufschlagen.

Arbeiten Sie nicht zu lange hintereinander mit diesem Wiederholungsprogramm. Sie können die Arbeit am besten am Ende eines Teiles und bei den durch U gekennzeichneten Stellen unterbrechen.

Kümmern Sie sich zunächst nicht um das, was auf den linken Seiten des Buches auf dem Kopf steht! Das kommt erst später an die Reihe.

Denken Sie bei Algebra-Aufgaben immer daran:

1. Lieber ausführlich rechnen als falsch.
2. Immer sofort vereinfachen, z. B. Brüche beseitigen, Gleichungen auf Normalform bringen.
3. **Alle** Glieder einer Gleichung multiplizieren! **Beide** Seiten multiplizieren bzw. dividieren!
4. Nach jedem Schritt kurz kontrollieren; vor allem die Vorzeichen überprüfen!
5. Ziel vor Augen haben! Was soll Schritt für Schritt erreicht werden?

Der zweite Band des Lehrprogramms „Wiederholung der Algebra" behandelt vor allem Quadratwurzeln, Quadratische Gleichungen und Potenzgesetze. Auch dieser Band bietet Ihnen eine wirksame Hilfe, in der Algebra sicher zu werden.

I. Teil

Ist Ihnen das gestellte Problem klar?

c vertritt irgendeine rationale Zahl, etwa 3. Setzt man z. B. 3 für c ein, so lautet das Gleichungssystem

$$\text{I} \quad 3xy - (x - 3)(9 + 3y) = -9$$

$$\text{II} \quad \frac{3y - x}{y} = 1$$

Man hat nun die Aufgabe, eine rationale Zahl zu finden, die man statt x, und eine Zahl, die man statt y einsetzen kann, so daß beide Gleichungen erfüllt werden. Gesucht ist also ein Zahlenpaar als Lösung. Möglicherweise gibt es gar kein derartiges Zahlenpaar oder vielleicht auch mehrere. Für die eben aufgeschriebene Gleichung gibt es ein Zahlenpaar, nämlich (8; 4), wovon Sie sich durch Einsetzen leicht überzeugen können.

Es soll das Gleichungssystem aber nicht nur für den Fall gelöst werden, daß statt c die Zahl 3 eingesetzt wird. Wir wollen noch offen lassen, welche Zahl wir für c einsetzen wollen. Man nennt c eine Formvariable oder Konstante. $x, y \in \mathbb{Q}, c \in \mathbb{Q}$ bedeutet, daß sowohl für die Formvariable c als auch für die Variablen x und y nur rationale Zahlen zugelassen werden. Man sagt, die Menge der rationalen Zahlen $\mathbb{Q}$ ist die Grundmenge für c und auch für x und y. Wir wollen in diesem Wiederholungsprogramm stets die Menge der rationalen Zahlen $\mathbb{Q}$ als Grundmenge verwenden.

Antwort zu 157: **158**

1. Normalform $\text{I}' \quad 2ax - 3y = 0$

   $\text{II}' \quad a^2x - 6y = a^2$

   für $a \neq 0$, $a \neq 4$ eine Lösung:

   $$\left(\frac{a}{a-4}; \frac{2a^2}{3 \cdot (a-4)}\right)$$

   für $a = 0$ unendlich viele Lösungen,
   für $a = 4$ keine Lösung.

2. $2x_1 - 9x_2 + 35x_3 = 4$

3. Gleichung I multipliziert mit $a \cdot (3 + ay)$:

   $x \cdot (3 + ay) - 5a\ (3 + ay) = (xy - a) \cdot a$

   $\text{I}' \quad 3x - 5a^2y = 15a - a^2$

   $\text{II}' \quad x + a^2y = 5a$

   $$\left(5a - \frac{a^2}{8}; \frac{1}{8}\right)$$

4. $\text{I}' \quad (a + 5)x - 3y = 3a + 3 \quad | \cdot a$

   $\text{II}' \quad -ax + ay = 3a + 4 \quad | \cdot 3$

   für $a \neq -2$:

   $$x = \frac{3 \cdot (a+2)^2}{a\,(a+2)} = \frac{3 \cdot (a+2)}{a}, \quad y = \frac{6a+10}{a}$$

   $\left(\frac{3\,(a+2)}{a}; \frac{6a+10}{a}\right)$, eine Lösung.

   für $a = -2$ unendlich viele Lösungen:

   $\mathfrak{L} = \{(x; y) \mid x - y = -1\}$

Sie müssen unbedingt Ihre Fehler finden, falls etwas nicht stimmt!

Das Gleichungssystem

$$\begin{aligned} \text{I} \quad & cxy - (x - c)\,(9 + cy) = -3c \\ \text{II} \quad & \frac{cy - x}{y} = \frac{c}{3} \end{aligned}$$

hat Ihnen Schwierigkeiten gemacht.

Wir schreiben in Zukunft nicht jedesmal dazu, daß für die Variablen Zahlen aus der Menge $\mathbb{Q}$ der rationalen Zahlen eingesetzt werden dürfen.
Erinnern Sie sich überhaupt, was rationale Zahlen sind?

Eine Zahl, die sich als gemeiner Bruch darstellen läßt, bei dem im Zähler und Nenner ganze Zahlen stehen, heißt rationale Zahl: z. B. $4 = \frac{4}{1}$, $0{,}3 = \frac{3}{10}$, $-3\frac{1}{2} = \frac{-7}{2}$

Auf den folgenden Seiten werden Sie zur richtigen Lösung geführt. Gleichzeitig wiederholen Sie dabei einen großen Teil des Algebrastoffes, der immer wieder gebraucht wird. Die gefährlichen Stellen, bei denen erfahrungsgemäß die meisten Fehler gemacht werden, sind ganz besonders berücksichtigt.

Aufgaben:

1. I $2a - \frac{3y - 2a}{2x} = \frac{a}{x} + a$

   II $(a^2 - y)(x - 1) = y(7 - x)$

   $x, y \in \mathbb{Q}, x \neq 0, \ a \in \mathbb{Q}$

   Welche Einsetzungen für a mußten bei der Auflösung des Gleichungssystems ausgeschlossen werden? Gibt es in diesen Fällen Lösungen?

2. Eliminieren Sie u: I $2x_1 + 3x_2 - 7x_3 + 6u = 0$

   II $4x_1 + 7x_3 + 9u = 2$

3. I $\frac{x}{a} - 5 = \frac{xy - a}{3 + ay}$

   II $a(ay - 1) = 4a - x$

   $x, y \in \mathbb{Q}, \ a \in \mathbb{Q}, \ a \neq 0, \ (3 + ay) \neq 0$

4. I $\frac{x}{3} - \frac{y + 1}{a} = 1 - \frac{5x}{3a}$

   II $a(y - x + a - 7) = (a - 2)^2$

   $x, y \in \mathbb{Q}, \ a \in \mathbb{Q}, \ a \neq 0$

Dieses Lehrprogramm will Ihnen also helfen, Algebrafehler zu vermeiden. Arbeiten Sie sehr sorgfältig, daß dieses Ziel auch erreicht wird. Lesen Sie die Seiten gründlich und lösen Sie dann jeweils die Aufgabe in einem Heft. Erst wenn Sie die Lösung aufgeschrieben haben, blättern Sie um und kontrollieren auf der nächsten Seite Ihre Lösung mit der im Programm angegebenen.

Korrigieren Sie Ihre Fehler mit Rotstift;
dann erkennen Sie bei einer späteren Durchsicht sofort Ihre schwachen Stellen. Wenn Sie etwas falsch gelöst haben, so schreiben Sie die richtige Lösung dazu. Haken Sie auch stolz mit Ihrem Rotstift ab, wenn Sie eine Aufgabe vollkommen richtig gelöst haben. Arbeiten Sie höchstens eine Stunde am Tag mit diesem Lehrprogramm!

Und nun viel Erfolg!

Aufgabe:

Schreiben Sie sich das Gleichungssystem von Seite 3 in Ihr Heft!
Schreiben Sie bei jeder Lösung die Seitenzahl der Aufgabe an den Rand Ihres Heftes!

Bevor Sie zum Abschluß dieses Lehrprogramms die Aufgaben auf der nächsten Seite lösen, gehen Sie bitte Ihr Arbeitsheft nochmals durch, auch die E-Aufgaben. Sehen Sie sich besonders diejenigen Stellen an, wo Sie Ihre Fehler durch rote Korrekturen kenntlich gemacht haben.

Beim Lösen von Algebra-Aufgaben denken Sie immer daran:

Sehr sorgfältig arbeiten und immer wieder Zwischenkontrollen vornehmen!

Gleichungen vereinfachen.

Ziel vor Augen haben: Nach welcher Variablen soll aufgelöst werden, welche Variable ist zu eliminieren.

Bei jedem Schritt überlegen: Ist dies nach den Vorzeichenregeln, den Gesetzen der Bruchrechnung usw. auch möglich?

U

Lösen Sie die Aufgaben auf Seite 157 besonders sorgfältig. Suchen Sie dann, wenn nötig, Ihre Fehler. Falls Sie noch Schwierigkeiten hatten, so wiederholen Sie mindestens Teil IV (Seite 122).

Antwort zu 4:

$$\text{I} \quad cxy - (x - c)(9 + cy) = -3c$$

$$\text{II} \quad \frac{cy - x}{y} = \frac{c}{3}$$

Haben Sie auch die Nummern I und II vor die Gleichungen geschrieben? Die Nummer der Gleichung müssen Sie jedesmal dazuschreiben, sonst kennen Sie sich bald nicht mehr aus!

Zuerst muß man die Gleichungen vereinfachen.

Aufgabe:

Schreiben Sie Gleichung I nochmals auf, wobei Sie aber die Klammern ausmultiplizieren!
Achten Sie darauf, daß die Gleichheitszeichen möglichst untereinander stehen.

Antwort zu 154:

Richtige Umformung:

1. $-8x + ax = a$ — $x = \frac{a}{-8 + a}$ oder $x = \frac{a}{a - 8}$

$a \neq 8$; Vorzeichen vergessen.

2. $9x - a^2x = 2a - 6$ — $x = \frac{2 \cdot (a - 3)}{(3 - a)(3 + a)} = \frac{-2(3 - a)}{(3 - a)(3 + a)} = \frac{-2}{3 + a}$

$a \neq 3,\ a \neq -3$

$(a - 3)$ und $(3 - a)$ sind nicht gleich und können nicht gekürzt werden.

3. $x = \frac{4c+7a}{b+5a}$ — $b + 5a \neq 0$

Man kann nicht durch a kürzen; man kann überhaupt nicht kürzen.

4. $3x = 2y - bx$ — $x = \frac{2y}{3 + b}$; $b \neq -3$

Auf der rechten Seite stand noch die Variable x.

Antwort zu 5:

I $cxy - 9x - xcy + 9c + c^2y = -3c$

Die Glieder können auch in anderer Reihenfolge dastehen.

Kontrollieren Sie Ihre Lösung sorgfältig, besonders die Plus- und Minuszeichen! Wenn Sie diese Zeile ganz richtig haben, dürfen Sie gleich auf Seite 10 nach der dort gegebenen Antwort weiterarbeiten.

Andernfalls überlegen Sie sich das Ausmultiplizieren von Klammern an den folgenden einfachen Beispielen. Mit den Ergänzungsaufgaben, die durch E gekennzeichnet sind, beginnen Sie bitte auf der letzten Seite Ihres Heftes.

E-Aufgabe:

Berechnen Sie a) $2y \cdot (x - 6 - y)$

b) $2y \cdot (x \cdot 6 \cdot y)$

Antwort zu 153:

	Richtig umgeformte Gleichung:
1. $xy = xy - 8y + xb - 4$	$8y - xb = -4$ Vorzeichenfehler
2. $3x + 7ax = 5 - 2bx + 9a$	$x = \frac{5 + 9a}{3 + 7a + 2b}$ $3 + 7a + 2b \neq 0$ auf der rechten Seite kam noch die Variable x vor!
3. $2 - \frac{x + 3}{5} = 0 \mid \cdot 5$	$10 - x - 3 = 0$ Vorzeichenfehler! Nichtbeachtung von $0 \cdot 5 = 0$!

Aufgabe:

Verfahren Sie ebenso bei den folgenden falschen Umformungen:

1. $-8x + ax = a$ — $x = \frac{a}{8 + a}$
2. $9x - a^2x = 2a - 6$ — Auflösung nach x: $x = \frac{2}{a + 3}$
3. $x = \frac{4c+7a}{b+5a}$ — $x = \frac{4c+7}{b+5}$
4. $3x = 2y - bx$ — aufgelöst nach x: $x = \frac{2y - bx}{3}$

Antwort zu 6:

a) $2y \cdot (x - 6 - y) = 2xy - 12y - 2y^2$

b) $2y \cdot (x \cdot 6 \cdot y) = 12xy^2$

Zu a)

Jedes einzelne Glied in der Klammer wird mit 2y multipliziert. Beachten Sie besonders die Vorzeichenregeln:

$$(-a) \cdot b = -ab$$
$$a \cdot (-b) = -ab$$
$$(-a) \cdot (-b) = +ab$$

Zu b)

Die Klammer ist hier unwesentlich.

Die Faktoren eines Produkts kann man beliebig zusammenfassen und umstellen.

Es gelten das Assoziativgesetz $a \cdot (b \cdot c) = (a \cdot b) \cdot c$

und das Kommutativgesetz $a \cdot b = b \cdot a$

Diese Gesetze gelten allgemein: Für a, b, c dürfen beliebige rationale Zahlen eingesetzt werden.

E-Aufgabe:

$(a - 5)\ (7 - a)$

Aus Fehlern kann man auch lernen. Bei den folgenden Gleichungsumformungen wurden Fehler gemacht.

Schreiben Sie die jeweils links angegebene Gleichung und die **richtig** umgeformte Gleichung auf, eventuell mit Zwischenschritten. Überlegen Sie sich außerdem, welcher Fehler gemacht wurde!

Ausgangsgleichung:	falsch umgeformte Gleichung:
1. $xy = xy - 8y + xb - 4$	$8y - xb = 4$
2. $3x + 7ax = 5 - 2bx + 9a$	Auflösung nach x: $x = \frac{5 - 2bx + 9a}{3 + 7a}$
3. $2 - \frac{x + 3}{5} = 0 \mid \cdot 5$	$10 - x + 3 = 5$ (zwei schwere Fehler!)

Antwort zu 7:

$(a - 5)\ (7 - a) = 7a - a^2 - 35 + 5a = 12a - a^2 - 35$

Jedes Glied der einen Klammer wird mit jedem Glied der anderen multipliziert.

Bei dem folgenden Beispiel ist das Minuszeichen vor dem Produkt gefährlich. Am besten multipliziert man die Klammern aus, läßt aber das Ergebnis zuerst noch in Klammern stehen.

Schreiben Sie bitte mit:

$$c - (a - 2)\ (b + 3) = c - (ab + 3a - 2b - 6)$$
$$= c - ab - 3a + 2b + 6$$

So kann kaum ein Fehler unterlaufen.

E-Aufgabe:

Formen Sie ebenso um: $a - (3 - a)\ (a - 1)$

Antwort zu 151:

$$\begin{array}{lrcl} \text{I} & x_1 & = & 2 + 2u + 5v \\ \text{II} & x_2 & = & -3 + u - v \\ \text{III} & x_3 & = & 1 - v \end{array}$$

$v = 1 - x_3$ in I und II eingesetzt:

$$\begin{array}{lrcl} \text{I} & x_1 & = & 2 + 2u + 5 - 5x_3 \\ \text{II} & x_2 & = & -3 + u - 1 + x_3 \\ \text{I}' & x_1 + 5x_3 & = & 7 + 2u \\ \text{II}' & x_2 - x_3 & = & -4 + u \quad \Big| \cdot (-2) \\ \hline \text{II}'' & -2x_2 + 2x_3 & = & 8 - 2u \\ \text{I}' & x_1 + 5x_3 & = & 7 + 2u \\ \hline \text{addiert} & x_1 - 2x_2 + 7x_3 & = & 15 \end{array}$$

Bedenken Sie: Flüchtigkeitsfehler werden zwar meist nur als leichte Fehler angesehen. Alles Folgende wird dann aber auch falsch und oft viel komplizierter als bei der richtig durchgeführten Aufgabe.

Arbeiten Sie daher nicht zu rasch und überprüfen Sie jede Zeile nochmals kurz. Solche Zwischenkontrollen decken oft Fehler auf.

Schreiben Sie übersichtlich und gut leserlich!

Antwort zu 8:

$$a - (3 - a)(a - 1) = a - (3a - 3 - a^2 + a)$$
$$= a - 3a + 3 + a^2 - a$$
$$= a^2 - 3a + 3$$

Oft wird der Zwischenschritt mit der Klammer weggelassen. Das ist nur dann zulässig, wenn man sehr sicher ist. Es zeigt sich, daß dabei sehr oft Fehler unterlaufen.

Gehen wir zurück zu Gleichung I:

Bearbeiten Sie die folgende Aufgabe wieder vorne in Ihrem Heft.

Aufgabe:

Multiplizieren Sie nochmals die Klammern aus!

I $cxy - (x - c)(9 + cy) = -3c$

Kontrollieren Sie sorgfältig Ihre Plus- und Minuszeichen!

151

Antwort zu 150:

$$x_1 - 2x_2 + 7x_3 = 15$$

Haben Sie dieses Ergebnis erhalten, so können Sie gleich umblättern.

Wenn Sie bei dieser Aufgabe noch nicht zum Ziel gekommen sind, so kann Ihnen vielleicht folgende Anleitung helfen:

Man löst III nach v auf und setzt den erhaltenen Term in I und II ein. Die neuen Gleichungen I′ und II′ bringt man auf Normalform und eliminiert mit Hilfe der Additionsmethode die Variable u.

Aufgabe:

Falls Ihnen die Lösung nicht gelungen ist, versuchen Sie es nochmals mit Hilfe dieser Anleitung!

Antwort zu 9:

$$\text{I} \quad cxy - (9x + xcy - 9c - c^2y) = -3c$$
$$\text{I} \quad cxy - 9x - xcy + 9c + c^2y = -3c$$

Vorn steht das Glied cxy; dann tritt noch das Glied — xcy auf. Vielleicht haben Sie dafür geschrieben — cxy oder — cyx. Das ist gleichgültig, da die Faktoren eines Produkts vertauscht werden dürfen. Es gilt ja allgemein das

Kommutativgesetz $a \cdot b = b \cdot a$,

wobei für a und b beliebige Zahlen der Grundmenge $\mathbb{Q}$ eingesetzt werden dürfen. Das Kommutativgesetz kann auch auf drei und mehr Faktoren ausgedehnt werden.

Aufgabe:

Vereinfachen Sie mit Hilfe des Kommutativgesetzes den Term der linken Seite der Gleichung I!

Vielleicht ist Ihnen der Fachausdruck „Term“ nicht bekannt. Sie kennen dafür dann wohl das Wort „Rechenausdruck“ oder einfach „Ausdruck“. Auch einzelne Zahlen oder Variable sind Terme.

In der Analytischen Geometrie treffen Sie oft auf Aufgaben folgender Art:

Gegeben sind 3 Gleichungen mit 5 Variablen. Dieses System soll reduziert werden auf **eine** Gleichung mit 3 Variablen.

Man geht natürlich in zwei Schritten vor. Bei jedem Schritt nimmt die Anzahl der Gleichungen und die Anzahl der Variablen um eins ab.

Aufgabe:

$$\begin{array}{lrcl} \text{I} & x_1 & = & 2 + 2u + 5v \\ \text{II} & x_2 & = & -3 + u - v \\ \text{III} & x_3 & = & 1 - v \end{array} \qquad x_1, x_2, x_3, u, v \in \mathbb{Q}$$

Die fünf Variablen heißen diesmal

x_1, x_2, x_3, u, v.

Reduzieren Sie das System auf **eine** Gleichung, in der nur noch die Variablen x_1, x_2, x_3 vorkommen. Versuchen Sie die Aufgabe vollständig durchzuführen, bevor Sie umblättern!

Antwort zu 10:

$$\text{I} \quad -9x + 9c + c^2y = -3c$$

Nun muß die Gleichung in die Form $A \cdot x + B \cdot y = C$ gebracht werden. Wir nennen sie *Normalform*.

Alle Glieder, die ein x enthalten, müssen auf der linken Seite des Gleichheitszeichens zusammengefaßt werden, ebenso alle y-Glieder. Rechts davon sollen alle Glieder ohne x und ohne y stehen.

Lösen Sie bitte zur Übung dieser Umformung in die Normalform die folgenden E-Aufgaben, auch dann, wenn Ihnen die Umformung bei unserer Gleichung I keine Schwierigkeiten bereitet hat.

Die mit E gekennzeichneten Aufgaben (Ergänzungsaufgaben) kommen an den Schluß des Heftes! Beginnen Sie auf der letzten Seite.

E-Aufgabe:

Bringen Sie die Gleichung $3x + 9 = 8 - 5y$ in die Normalform $Ax + By = C$!

149

Antwort zu 148:

Probe:

I $\quad 3 \cdot 1 + 4 \cdot (-2) + 3 = 3 - 8 + 3 = 6 - 8 = -2$

II $\quad 1 - 2 \cdot (-2) = 1 + 4 = 5$

III $\quad -2 \cdot 1 + (-2) + 2 \cdot 3 = -2 - 2 + 6 = -4 + 6 = 2$

Das Wertetripel (1; — 2; 3) erfüllt also alle drei Gleichungen.

Es ist tatsächlich Lösung des Gleichungssystems.

U

Antwort zu 11:

$$3x + 9 = 8 - 5y$$

$$3x + 5y = -1$$

Haben Sie das Minuszeichen nicht vergessen?

Wir haben auf beiden Seiten der Gleichung 5y addiert und 9 subtrahiert. Das ist eine **Äquivalenzumformung** der Gleichung. Von einer Äquivalenzumformung spricht man, wenn die neue Gleichung dieselben Lösungen besitzt wie die ursprüngliche Gleichung, oder anders ausgedrückt, wenn sich die Lösungsmenge bei der Umformung nicht ändert. Zwei Gleichungen, die dieselben Lösungen haben, nennt man **äquivalent.**

E-Aufgabe:

Bringen Sie $3x + 8 = 5y - x$ in die Normalform $Ax + By = C$!

Antwort zu 147:

-2 für y in I′ $10y + z = -17$: $-20 + z = -17$

$$z = 3$$

-2 für y in II $x - 2y = 5$: $x + 4 = 5$

$$x = 1$$

Wir fanden als Lösung des Gleichungssystems das geordnete Zahlentripel

$$(1; -2; 3).$$

Die Lösungsmenge enthält genau ein Element:

$$\mathfrak{L} = \{(1; -2; 3)\}.$$

Wir überprüfen, ob diese Lösung tatsächlich alle drei Gleichungen unseres Systems erfüllt. Wir setzen die gefundenen Werte zuerst in die linke Seite von Gleichung I ein:

Probe: I $3 \cdot 1 + 4 \cdot (-2) + 3 = 3 - 8 + 3 = 6 - 8 = -2$

Es ergibt sich tatsächlich der Wert, der auch auf der rechten Seite steht.

Aufgabe:

Schreiben Sie die Probe ab und machen Sie ebenso die Probe für die Gleichungen II und III!

Antwort zu 12:

$$3x + 8 = 5y - x$$

$$4x - 5y = -8 \qquad (\text{oder } -4x + 5y = 8)$$

Die betreffenden Glieder erscheinen jetzt auf der anderen Seite der Gleichung mit dem entgegengesetzten Vorzeichen. Kontrollieren Sie nach jedem Schritt genau, ob die Vorzeichen richtig sind und ob Sie kein Glied vergessen haben!

Die Gleichung hat jetzt die Normalform

$$Ax + By = C \text{ mit } A = 4,\; B = -5,\; C = -8.$$

Man erkennt das deutlicher, wenn man schreibt:

$$4x + (-5)y = (-8)$$

$$Ax + \quad By = \quad C$$

E-Aufgabe:

Was versteht man unter einer Äquivalenzumformung?

Antwort zu 146:

$$\begin{array}{lrcl}
\text{I}' & 10y + z & = & -17 \quad | \cdot (-2) \\
\text{I}'' & -20y - 2z & = & +34 \\
\text{III}' & -3y + 2z & = & 12 \\
\hline
\text{I}'' + \text{III}' & -23y & = & 46 \quad | : (-23) \\
 & y & = & -2
\end{array}$$

Wir brauchen noch die Werte für die Variablen x und z. Suchen Sie sich möglichst einfache Gleichungen heraus, aus denen man diese Werte bequem erhalten kann!

Aufgabe:

Berechnen Sie die Werte für z und x!

Antwort zu 13:

Wenn Ihnen diese Antwort Schwierigkeiten gemacht hat, so betrachten Sie das als ein Alarmzeichen! Sie studieren den Text nicht sorgfältig genug. Dieses Lehrprogramm kann Ihnen nur helfen, wenn Sie sehr gründlich arbeiten. Auf Seite 12 wurde erklärt, was eine Äquivalenzumformung ist:

Die neue Gleichung hat dieselben Lösungen wie die ursprüngliche Gleichung.

oder: Die Lösungsmenge ändert sich bei einer Äquivalenzumformung nicht.

Gleichungen, die dieselbe Lösungsmenge haben, nennt man äquivalent. Eine Äquivalenzumformung führt also eine Gleichung in eine zu ihr **äquivalente Gleichung** über.

Wir kehren nun von den Ergänzungsaufgaben zurück zu unserem Gleichungssystem. Wir arbeiten also wieder am Anfang des Heftes weiter.

Aufgabe:

Bringen Sie die Gleichung

I $\quad -9x + 9c + c^2y = -3c$ in die Normalform!

Die Glieder, die x oder y enthalten, kommen auf die linke Seite des Gleichheitszeichens, die anderen auf die rechte Seite.

Antwort zu 145:

eingesetzt in	I	$3\,(5 + 2y) + 4y + z = -2$
eingesetzt in	III	$-2\,(5 + 2y) + y + 2z = 2$
	I	$15 + 6y + 4y + z = -2$
	III	$-10 - 4y + y + 2z = 2$
	I′	$10y + z = -17$
	III′	$-3y + 2z = 12$

Wir haben noch 2 Gleichungen mit den beiden Variablen y und z. Wir wollen jetzt wieder nach der Additionsmethode weiterarbeiten.

Aufgabe:

Multiplizieren Sie Gleichung I′ geeignet, so daß sich die z-Glieder von I′ und III′ nur im Vorzeichen unterscheiden. Eliminieren Sie dann durch Addition der beiden Gleichungen die Variable z und berechnen Sie schließlich den y-Wert!

Antwort zu 14:

I $-9x + c^2y = -12c$

Man könnte diese Gleichung bereits als Normalform verwenden. Günstig ist es allerdings, die Gleichung noch mit (-1) zu multiplizieren. Dann erhält man

I′ $9x - c^2y = 12c$

Wir nennen diese vereinfachte Gleichung I′. Sie ist äquivalent zu der ursprünglichen Gleichung I.

Aufgabe:

a) Schreiben Sie sich die Gleichung I′ auf!
b) Was steht in dieser Gleichung anstelle von A, B und C?
   $A = \ldots;$ $B = \ldots;$ $C = \ldots;$

Antwort zu 144:

$$\text{II}\quad x - 2y = 5$$
$$-2y = 5 - x$$
$$y = \frac{x - 5}{2}$$

Diese Auflösung von II nach y ist ungünstiger.

Vermeiden Sie Brüche, wenn es möglich ist!

Es war also besser, Gleichung II $x - 2y = 5$ nach x aufzulösen. Wir erhielten $x = 5 + 2y$.

Aufgabe:

Setzen Sie $5 + 2y$ für x in die Gleichungen I und III ein und bringen Sie dann beide Gleichungen in die Normalform!

Antwort zu 15:

$A = 9$; $B = -c^2$; $C = 12c$; wie folgender Vergleich zeigt:

$$A \cdot x + B \cdot y = C$$
$$9 \cdot x + (-c^2)y = 12c$$

I′ $9x - c^2y = 12c$

Diese vereinfachte Gleichung lassen wir hier zurück. Es muß noch die Gleichung II in die Normalform gebracht werden.

In Gleichung II treten Brüche auf. Da bei Brüchen oft Fehler gemacht werden, wollen wir zunächst einiges Wichtige darüber wiederholen.

Bitte wieder am Schluß Ihres Heftes weiterarbeiten!

E-Aufgabe:

Versuchen Sie folgende Subtraktion auszuführen

$$\frac{2}{(a+1)\,ab} - \frac{b+1}{a \cdot (a+1)^2}$$

Antwort zu 143:

$$\text{II} \quad x - 2y = 5$$
$$x = 5 + 2y$$

Gleichung II ist am günstigsten, weil hier nur zwei der Variablen x, y, z auftreten.

Wir haben nach x und nicht nach y aufgelöst, weil dadurch Brüche vermieden wurden.

Aufgabe:

Berechnen Sie nur im Kopf oder auf einem Zettel, was sich ergibt, wenn man Gleichung II $x - 2y = 5$ nach y auflöst!

Antwort zu 16:

$$\frac{2a + 2 - b^2 - b}{(a + 1)^2\, ab}$$

Die Reihenfolge der Faktoren im Nenner ist natürlich gleichgültig. Es gilt ja das Kommutativgesetz (Vertauschbarkeitsgesetz) der Multiplikation.

Haben Sie die Aufgabe richtig gelöst, so schlagen Sie gleich Seite 22 auf.

Wenn Ihnen diese Aufgabe nicht geglückt ist, bearbeiten Sie zuerst die viel einfachere Aufgabe unten auf dieser Seite.

E-Aufgabe:

$$\frac{1}{2} + \frac{1}{8}$$

Antwort zu 142:

Wenn die Anzahl der Gleichungen um eins reduziert wird, so muß auch die Anzahl der Variablen um eins abnehmen.

(Oder eine gleichbedeutende Formulierung.)

Bei mehr als 2 Gleichungen arbeitet man meist nach der Einsetzungsmethode. Eine Gleichung wird nach einer Variablen aufgelöst und diese Variable damit aus den anderen Gleichungen eliminiert.

Man sucht sich eine möglichst einfache Gleichung aus.

Aufgabe:

Lösen Sie die einfachste unserer 3 Gleichungen nach x auf!

Antwort zu 17:

$$\frac{1}{2} + \frac{1}{8} = \frac{1 \cdot 4}{2 \cdot 4} + \frac{1}{8} = \frac{4}{8} + \frac{1}{8} = \frac{5}{8}$$

Wenn Sie 16 als Nenner genommen haben, so korrigieren Sie mit Rotstift! Man spart Arbeitszeit und vermeidet Fehler, wenn man keine unnötig großen Zahlen verwendet!

Der Hauptnenner ist 8; denn 2 ist in 8 enthalten: $8 = 2 \cdot 4$.

Wir mußten also $\frac{1}{2}$ mit 4 erweitern.

Ihre Antwort ist auch richtig, wenn Sie die Zwischenschritte nicht angeschrieben haben. Das gilt auch für die folgenden Aufgaben. Sehen Sie sich diese Zwischenschritte aber genau an, wenn Sie einmal ein falsches Ergebnis erhalten haben!

E-Aufgabe:

Subtrahieren Sie $\frac{a}{6b^2} - \frac{4}{9b}$

142

Antwort zu 141:

Auf 2 Gleichungen mit 2 Variablen.

Die Anzahl der Gleichungen und die Anzahl der Variablen muß um eins abnehmen. Vergessen Sie das nie! Sehr oft wird folgender Fehler gemacht: Man reduziert ein Gleichungssystem von 2 Gleichungen auf eine Gleichung, die aber noch alle Variablen enthält. Das nützt dann gar nichts!

Es kommt darauf an, daß Sie darüber sicher Bescheid wissen.

Aufgabe:

Schreiben Sie sich deshalb den folgenden Satz auf und ergänzen Sie ihn selbst.

„Wenn die Anzahl der Gleichungen um eins reduziert wird, so muß auch ....".

Antwort zu 18:

$$\frac{a}{6b^2} - \frac{4}{9b} = \frac{a \cdot 3}{6b^2 \cdot 3} - \frac{4 \cdot 2b}{9b \cdot 2b} = \frac{3a - 8b}{18b^2}$$

Der Hauptnenner ist $18b^2$. Es ist der einfachste Term, der sowohl $6b^2$ als auch $9b$ als Faktoren enthält.

Der erste Bruch muß mit 3, der zweite Bruch mit $2b$ erweitert werden, damit im Nenner jedesmal $18b^2$ entsteht.

Wir müssen hier $b \neq 0$ voraussetzen, sonst haben die Brüche keinen Sinn. Der Term $\frac{a}{6b^2} - \frac{4}{9b}$ ist für $b = 0$ nicht definiert.

Im Nenner darf nie null stehen!

E-Aufgabe:

$$\frac{1}{12a^2} - \frac{b - 2}{8ab} \qquad a \neq 0, \; b \neq 0$$

Bei den Gleichungssystemen von 2 Gleichungen mit 2 Variablen wurde das System zuerst auf **eine** Gleichung mit **einer** Variablen reduziert, etwa mit Hilfe der Additionsmethode. Man hatte dann also **eine Gleichung weniger** und auch **eine Variable weniger.** Bei Gleichungssystemen mit mehreren Gleichungen geht man ähnlich vor. Wir wollen unser System in mehreren Schritten lösen.

Aufgabe:

Auf wieviel Gleichungen mit wieviel Variablen werden wir unser System beim 1. Schritt reduzieren?

Antwort zu 19:

$$\frac{1}{12a^2} - \frac{b - 2}{8ab} = \frac{2b - (3ab - 6a)}{24a^2b} = \frac{2b - 3ab + 6a}{24a^2b}$$

Der Hauptnenner $24a^2b$ kann zerlegt werden in $12a^2 \cdot 2b$
und in $8ab \cdot 3a$

Der erste Bruch muß mit 2b, der zweite mit 3a erweitert werden.

Beachten Sie ganz besonders die Plus- und Minuszeichen. Das erste Minuszeichen bezieht sich auf den *ganzen* zweiten Bruch. Fehler werden hier leichter vermieden, wenn man den Zähler des zweiten Bruchs multipliziert, aber zuerst noch in Klammern setzt. Ähnlich verfuhren wir auf Seite 8 bei dem Term $c - (a - 2)\ (b + 3)$.

Sie können sich kaum vorstellen, wie oft in solchen Fällen Fehler gemacht werden.

E-Aufgabe:

$$\frac{2}{(a + 1)\,ab} - \frac{b + 1}{a\,(a + 1)^2}$$

Rechnen Sie die Differenz noch nicht aus! Geben Sie nur den Hauptnenner an!

$$\begin{array}{llcl} \text{I} & 3x + 4y + z & = & -2 \qquad x, y, z \in \mathbb{Q} \\ \text{II} & x - 2y & = & 5 \\ \text{III} & -2x + y + 2z & = & 2 \end{array}$$

Bei unseren bisherigen Gleichungssystemen mußten die einzelnen Gleichungen zuerst auf die Normalform gebracht werden. Bei diesem Gleichungssystem dagegen haben alle 3 Gleichungen bereits die Normalform $Ax + By + Cz = D$.

Aufgabe:

Schreiben Sie sich dieses Gleichungssystem in Ihr Arbeitsheft! Schreiben Sie stets die Nummer der Gleichung dazu und schreiben Sie Glieder, die dieselbe Variable enthalten, untereinander!

Antwort zu 20:

Hauptnenner $a \cdot b \cdot (a + 1)^2$

Hüten Sie sich davor, einen zu großen Hauptnenner zu verwenden. Ihre Rechnungen werden sonst viel zu kompliziert.

$a \cdot b \cdot (a + 1)^2$ genügt hier. Der erste Bruch muß mit $(a + 1)$ erweitert werden, damit $ab\,(a + 1)^2$ im Nenner erscheint, der zweite Bruch mit b.

E-Aufgabe:

Berechnen Sie nun $\frac{2}{(a + 1)\,ab} - \frac{b + 1}{a\,(a + 1)^2}$

Achten Sie auf das Minuszeichen vor dem zweiten Bruch!

V. Teil

Sie können sicher sein, daß Ihnen die Arbeit mit diesem Lehrprogramm, falls Sie sie gewissenhaft erledigt haben, schon viel geholfen hat.

Unsere Gleichungssysteme enthielten 2 Variable. In der Oberstufe der Gymnasien treten aber oft auch Gleichungssysteme mit 3 Variablen auf. Wir wollen ein Beispiel durchrechnen. Es wird rascher gehen und es wird Ihnen jetzt nicht mehr schwer fallen.

Antwort zu 21:

$$\frac{2}{(a+1)\,ab} - \frac{b+1}{a\,(a+1)^2} = \frac{2a + 2 - b^2 - b}{ab\,(a+1)^2}$$

Stimmen die Minuszeichen im Zähler?

Wenn Sie den Term im Zähler nicht ausmultipliziert haben, muß Ihre Lösung so aussehen:

$$\frac{2\,(a+1) - b\,(b+1)}{ab\,(a+1)^2}$$

In diesem Fall müssen unbedingt Klammern gesetzt werden!

E-Aufgabe:

Denken Sie daran: **Im Nenner darf nie null stehen.** Welche Voraussetzungen müssen über a und b gemacht werden, damit diese Aufgabe sinnvoll ist?

Eine sehr nützliche Übung für die Wiederholung der Bruchrechnung und der Vorzeichenregeln ist bei diesem Gleichungssystem die Probe.

Bei der Probe darf man nicht in die vereinfachte Gleichung I′ einsetzen. Sonst weiß man ja immer noch nicht, ob das Ergebnis wirklich die ursprüngliche Gleichung I erfüllt.

Aufgabe:

Machen Sie wenigstens für die beiden Seiten von Gleichung I die Probe.

I linke Seite: $\dfrac{3}{-\frac{1}{2}+\frac{5}{4}} + 1 =$

I rechte Seite: $\dfrac{-\frac{1}{2}-2}{-\frac{1}{2}} =$

Antwort zu 22:

$a \neq 0; \; b \neq 0; \; a + 1 \neq 0 \Rightarrow a \neq -1$

Haben Sie auch $a \neq -1$ gefunden? Diese Voraussetzung ist ebenso wichtig wie $a \neq 0$ und $b \neq 0$. Für $a + 1 = 0$ oder $a = -1$ würde sich im Nenner ebenfalls null ergeben.

Im Nenner darf nie null stehen, sonst hat der Bruch keinen Sinn.

Der Term $\frac{2}{(a + 1)\,ab} - \frac{b + 1}{a\,(a + 1)^2}$ ist nur für $a \neq 0$, $b \neq 0$, $a \neq -1$ definiert.

Nicht alle Zahlen der Grundmenge $\mathbb{Q}$ dürfen also statt der Variablen a bzw. b eingesetzt werden.

E-Aufgabe:

Wann sind folgende Terme sinnvoll?

a) $\frac{1}{a - 1}$ b) $\frac{1}{b \cdot (b + 1)}$ c) $\frac{1}{(d - 2)\,(d + 3)}$ d) $\frac{1}{c^2 - 1}$

Antwort zu 136:

Gleichung I wird mit dem Hauptnenner $x \cdot (x - y)$ multipliziert, Gleichung II mit 8.

$$\begin{array}{llll} I' & 5x - 2y = & 0 & | \cdot 2 \\ II'' & 4x + 4y = & -7 & \end{array}$$

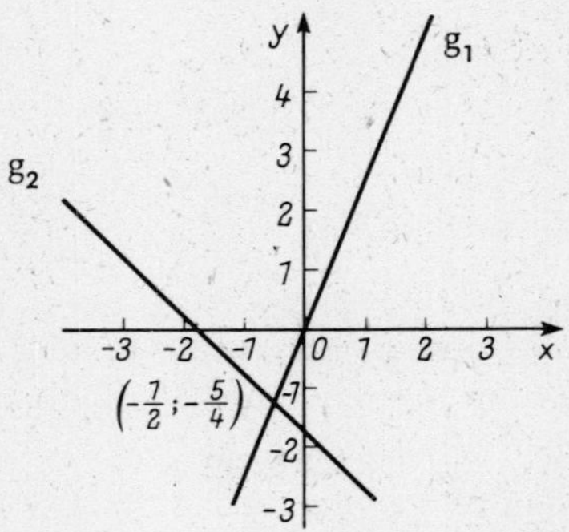

Man erhält $\left(-\frac{1}{2}; -\frac{5}{4}\right)$.

Resignieren Sie nicht, wenn Ihnen die Lösung nicht gelungen ist. Besprechen Sie das Problem mit einem Klassenkameraden!

Antwort zu 23:

a) $a \neq 1$; b) $b \neq 0$; $b \neq -1$;

c) $d \neq 2$; $d \neq -3$;

d) $c \neq 1$; $c \neq -1$;

Kontrollieren Sie besonders sorgfältig c) und d)!

Arbeiten Sie nicht zu lange hintereinander mit diesem Lehrprogramm. Der Erfolg wird sonst beeinträchtigt. An dieser Stelle können Sie z. B. unterbrechen.

U

Bei den Aufgaben ab Seite 14 wurden nur *Terme* betrachtet. Nun wenden wir uns wieder *Gleichungen* zu. Wenn Brüche vorkommen, multiplizieren wir beide Seiten mit dem Hauptnenner aller Brüche.

Da bei der folgenden Gleichung x im Nenner auftritt, darf statt x nicht die Zahl 0 eingesetzt werden. Der Nenner darf ja niemals null sein.

E-Aufgabe:

Bestimmen Sie die Lösungsmenge folgender Gleichung:

$$\frac{1}{3} = \frac{2}{x}$$

Die Schritte zur Lösung eines linearen Gleichungssystems mit zwei Variablen können durch folgende Skizze verdeutlicht werden.

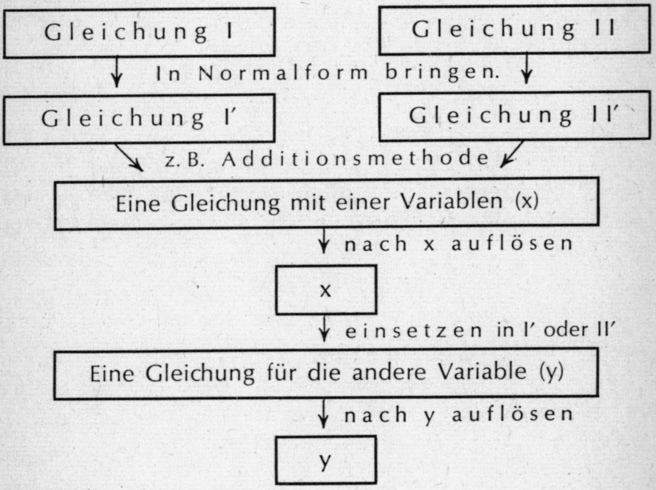

Aufgabe:

Lösen Sie das Gleichungssystem:

$$\text{I} \qquad \frac{3}{x - y} + 1 = \frac{x - 2}{x}$$

$$\text{II} \quad 1 + \frac{y}{8}(x + 4) - \frac{5}{8} = \frac{xy}{8} - \frac{1 + x}{2}$$

$x, y \in \mathbb{Q}$; $x \neq 0$, $x \neq y$.

Antwort zu 24:

$$\frac{1}{3} = \frac{2}{x} \Rightarrow \quad x = 6$$

Wir wollen den Lösungsweg ganz ausführlich betrachten: Der Hauptnenner der beiden Brüche ist hier das Produkt ihrer Nenner, also 3x. Wir multiplizieren beide Seiten der Gleichung mit 3x:

$\frac{1}{3} \cdot 3x = \frac{2}{x} \cdot 3x$ dies ist eine Äquivalenzumformung, weil wir auf S. 24 $x \neq 0$ vorausgesetzt haben.

$\frac{3x}{3} = \frac{6x}{x}$ durch Kürzen erhält man $x = 6$.

Werden beide Seiten einer Gleichung mit derselben, von null verschiedenen Zahl multipliziert, so ändert sich die Lösungsmenge nicht. Es handelt sich um eine Äquivalenzumformung.

E-Aufgabe:

Einen Bruch multipliziert man mit einer Zahl, indem man den .... mit der Zahl multipliziert.

a) Schreiben Sie das fehlende Wort in Ihr Heft!

b) $\frac{2}{5} \cdot 8$

c) $\frac{u}{v} \cdot p$

Antwort zu 134:

Es gibt unendlich viele Möglichkeiten z. B.
(3; 2) oder (1; 0).
Die Differenz $x - y$ muß $+1$ sein, die Gleichung lautete ja $x - y = 1$.

Stellen wir unser Ergebnis zusammen:

Das Gleichungssystem

$$\text{I} \qquad 2x - (a+y) = -\frac{a^2 - a + x}{a}$$

$$\text{II} \qquad \frac{(a+x)(y-a)}{x} - \frac{2a^2-1}{a} = y - a \qquad \text{mit } a \neq 0$$

hat für $a \neq -1$ genau eine Lösung:

$\mathfrak{L} = \{ (a^2; 2a^2 + a - 1) \}$

Die Lösungsmenge hat ein Element, nämlich das Wertepaar $(a^2; 2a^2 + a - 1)$

für $a = -1$ unendlich viele Lösungen:

$\mathfrak{L}_{-1} = \{(x; y) \mid x - y = 1;\ x \neq 0\}$

Aufgabe:

Schlagen Sie Seite 81 auf und studieren Sie nochmals die Einzelschritte, die zur Lösung eines linearen Gleichungssystems erforderlich sind!

Antwort zu 25:

a) Zähler

b) $\frac{2}{5} \cdot 8 = \frac{2 \cdot 8}{5} = \frac{16}{5}$

c) $\frac{u}{v} \cdot p = \frac{u \cdot p}{v}$

Die Aufgabe c ist nur sinnvoll für $v \neq 0$, da der Nenner niemals null sein darf.

E-Aufgabe:

$\frac{a}{x} = \frac{b}{y}$; beseitigen Sie die Nenner!

Antwort zu 133:

II $\quad \dfrac{-y-1+xy+x}{x}+1=y+1 \quad \Big| \cdot x$

Das Glied + 1 kann man auf beiden Seiten subtrahieren.

$-y-1+xy+x=xy$

II′ $\quad x-y=+1$

Vorhin fanden wir

I′ $\quad x-y=+1$

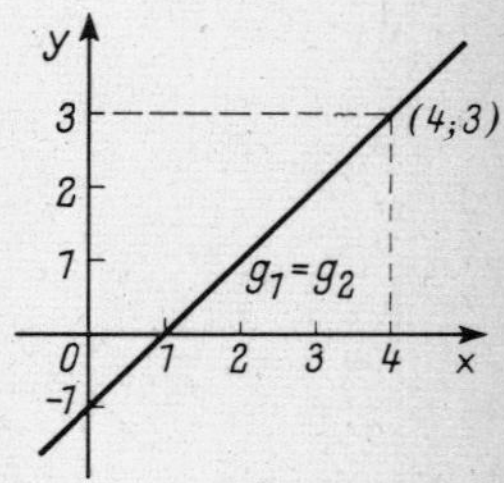

Die Gleichungen I′ und II′ sind äquivalent, sie haben die gleiche Lösungsmenge. Jedes Wertepaar (x; y), das II′ erfüllt, erfüllt offenbar auch I′, z. B. (4; 3); denn $4-3=1$.

In der geometrischen Veranschaulichung fallen die beiden Geraden zusammen. Den beiden Gleichungen entspricht dieselbe Gerade. Jeder Punkt, der auf g_1 liegt, liegt also auch auf g_2.

Aufgabe:

Nennen Sie zwei weitere Lösungspaare, die I′ und II′ erfüllen.

Antwort zu 26:

$$\frac{a}{x} = \frac{b}{y} \quad \Big| \cdot xy$$

$$ay = bx$$

Die Terme sind nur für $x \neq 0$ und $y \neq 0$ definiert.

Beide Seiten wurden mit dem Hauptnenner $x \cdot y$ multipliziert. Wenn, wie in diesem Beispiel, auf jeder Seite nur ein Bruch steht, kann man sich ganz einfach merken: Man multipliziert „über Kreuz"

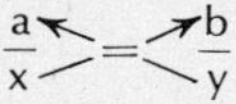

Daß man diese Gedächtnishilfe aber nur bei solch einfachen Gleichungen brauchen kann, zeigt die folgende Gleichung:

$$5 + \frac{a}{3} = \frac{1}{3x} \quad \Big| : 3x$$

$$15x + ax = 1$$

Auf dieselbe Weise sollen Sie bei der folgenden Gleichung die Nenner beseitigen.

E-Aufgabe:

$$\frac{2p}{5x} + p = \frac{3}{4} \qquad x \neq 0$$

Antwort zu 132:

$$\text{I} \qquad 2x - (-1+y) = -\frac{1-(-1)+x}{-1}$$

$$\text{II} \qquad \frac{(-1+x)\ (y+1)}{x} - \frac{2-1}{-1} = y+1$$

$$\text{I} \qquad 2x + 1 - y = x + 2$$

$$\text{I}' \qquad x - y = +1$$

Kontrollieren Sie nach jeder Zeile, ob Ihre Vorzeichen stimmen!

Aufgabe:

Bringen Sie jetzt auch Gleichung II in die Normalform!

Antwort zu 27:

$$\frac{2p}{5x} + p = \frac{3}{4}$$

Man multipliziert mit dem Hauptnenner 20x.

$$8p + 20px = 15x$$

Den Zwischenschritt $\frac{2p \cdot 20x}{5x} + p \cdot 20x = \frac{3 \cdot 20x}{4}$ schreibt man meistens gar nicht hin.

Ungünstiger ist es im allgemeinen, wenn man zuerst die Brüche addiert.

Kontrollieren Sie stets genau, ob Sie auch wirklich **jedes** Glied der Gleichung multipliziert haben! Oft wird ein Glied vergessen.

E-Aufgabe:

Beseitigen Sie die Nenner durch Multiplikation mit dem Hauptnenner und stellen Sie die Normalform $Ax + By = C$ her!

$$3 + \frac{2}{3y} = \frac{5x}{6y} - 1$$

Haben Sie alle Glieder mit dem Hauptnenner multipliziert?

Antwort zu 131:

$1 + a \neq 0$ das heißt $a \neq -1$

(Auf S. 129 wurde durch $[1 + a]$ dividiert)

$a \neq 0$ (Auf S. 130 wurde durch a dividiert)

Das gegebene Gleichungssystem lautete:

$$\text{I} \qquad 2x - (a+y) = -\frac{a^2 - a + x}{a}$$

$$\text{II} \qquad \frac{(a+x)(y-a)}{x} - \frac{2a^2-1}{a} = y - a$$

Auf Seite 122 wurde bereits $a \neq 0$ vorausgesetzt, weil z. B. der Term $\frac{a^2 - a + x}{a}$ sonst nicht definiert wäre.

Aufgabe:

Setzen Sie nun -1 für a in das Gleichungssystem ein! Bringen Sie dann Gleichung I in die Normalform $Ax + By = C$!

Antwort zu 28:

$18y + 4 = 5x - 6y$ Normalform $5x - 24y = 4$

oder $-5x + 24y = -4$

Natürlich mußte $y \neq 0$ vorausgesetzt werden.

Der Hauptnenner ist hier 6y; denn 3y ist ja darin enthalten: $3y \cdot 2 = 6y$

Verwenden Sie unbedingt immer den einfachsten Hauptnenner!

Die Aufgaben werden dadurch einfacher und die Gefahren, Fehler zu machen kleiner. Man multipliziert mit dem Hauptnenner und kürzt sofort.

E-Aufgabe:

Multiplizieren Sie mit dem Hauptnenner und kürzen Sie sofort!

a) $\frac{3}{2a} - \frac{x}{4y} = 1 \qquad a \neq 0,\ y \neq 0$

b) $\frac{4}{x} - \frac{2}{y} = 0 \qquad x \neq 0,\ y \neq 0$

Man findet $x = a^2$; $y = 2a^2 + a - 1$
Die Lösung lautet also $(a^2; 2a^2 + a - 1)$.

Wenn Sie dieses Ergebnis gefunden haben, so freuen Sie sich! Andernfalls blättern Sie zurück zur Seite 127.

U

Gehen Sie jetzt den ganzen Lösungsweg nochmals durch und überlegen Sie sich, welche Voraussetzungen über a gemacht werden müssen. Gefährlich sind die Stellen, wo dividiert wurde:

Eine Division durch null ist sinnlos

oder was dasselbe bedeutet: Ein Bruch mit dem Nenner null ist sinnlos.

Aufgabe:

Was muß über a vorausgesetzt werden, damit unser Lösungsweg tatsächlich begangen werden kann?
Falls Sie Teil III nicht durchgearbeitet haben, sind die nächsten vier Seiten etwas schwierig. Versuchen Sie es trotzdem. Auf Seite 136 geht es dann auf alle Fälle wieder.

Antwort zu 29:

a) $6y - ax = 4ay$ b) $4y - 2x = 0$

Es wurde auf beiden Seiten der Gleichung multipliziert bei a) mit 4ay, bei b) mit xy. Dann wurde jeweils sofort gekürzt.

Steht bei Ihnen in der Lösung zu b) richtig „= 0"? Denken Sie daran: $x \cdot y \cdot 0 = 0$!

Beim Kürzen dividiert man den Zähler und den Nenner durch die gleiche Zahl oder den gleichen Term. Achten Sie darauf: Man kann erst dann kürzen, wenn im Zähler und im Nenner ein Produkt steht.

Zerlegen Sie zum Kürzen Zähler und Nenner in ein Produkt mit möglichst vielen Faktoren.

E-Aufgabe:

$\frac{6\,(b^2 - 9)}{21\,(b + 3)}$ Kürzen Sie so weit wie möglich!

Antwort zu 129:

$$
\begin{aligned}
(2a + 1) \cdot a^2 - ay &= a \\
2a^3 + a^2 - ay &= a \\
- ay &= a - 2a^3 - a^2 \quad \Big| \cdot (-1) \\
ay &= 2a^3 + a^2 - a \quad \Big| : a \\
y &= 2a^2 + a - 1
\end{aligned}
$$

Wenn Sie nicht sehr sicher sind, so rechnen Sie lieber immer sehr ausführlich und nicht mehrere Schritte auf einmal.

Aufgabe:

Sehen Sie sich nochmals sehr sorgfältig die Stellen an, wo Sie Fehler gemacht haben! Prägen Sie sich ein, wie man richtig vorgehen muß. Verbessern Sie mit Rotstift!

Antwort zu 30: **31**

$$\frac{6\,(b^2 - 9)}{21\,(b+3)} = \frac{\overset{\wedge}{6}\,(b \overset{\wedge}{+} 3)\;(b-3)}{\underset{\vee}{21}\;(b \underset{\vee}{+} 3)} = \frac{2\,(b-3)}{7}$$

Gekürzt wurde mit $3 \cdot (b + 3)$. Voraussetzung ist natürlich $b + 3 \neq 0$ oder $b \neq -3$.

Nicht alle Zahlen der Grundmenge $\mathbb{Q}$ dürfen also in den Term statt der Variablen b eingesetzt werden. Die Menge der zulässigen Zahlen heißt die **Definitionsmenge,** sie enthält hier alle rationalen Zahlen mit Ausnahme der Zahl 3. Man schreibt dafür $\mathbb{Q} - \{3\}$.

Haben Sie erkannt, daß $(b^2 - 9)$ zerlegt werden kann in die Faktoren $(b - 3)\,(b + 3)$?

Diese Formel haben Sie wahrscheinlich in der Form

$$(a + b) \cdot (a - b) = a^2 - b^2$$

gelernt.

E-Aufgabe:

Wiederholen wir bei dieser Gelegenheit die beiden verwandten Formeln:

$(a + b)^2 =$ .... $(a - b)^2 =$ ....

129

Antwort zu 128:

$$x - 2a^2x + 2a^2x + ax = a^3 + a^2$$

$$(1 + a) \cdot x = a^2 (a + 1) \qquad | : (1 + a)$$

$$x = \frac{a^2 (a + 1)}{(1 + a)} \qquad a \neq -1$$

$$x = a^2$$

Kontrollieren Sie genau, wenn Sie nicht dasselbe Ergebnis haben! Suchen Sie die Stelle, an der Ihnen ein Fehler unterlaufen ist.

Aufgabe:

Setzen Sie a^2 für x in die Gleichung I′ ein!

Lösen Sie nach y auf!

Setzen Sie immer in eine vereinfachte Gleichung ein.

Also in I′, nicht in I!

Antwort zu 31:

$$(a + b)^2 = a^2 + 2ab + b^2$$
$$(a - b)^2 = a^2 - 2ab + b^2$$

Es nützt aber nichts, wenn man diese Formeln nur auswendig kann. Man muß sie anwenden können. Statt a und b können irgendwelche Terme stehen. Vor allem braucht man die Formeln oft in der Form:

$$a^2 - b^2 = (a + b) \cdot (a - b)$$
$$a^2 \pm 2ab + b^2 = (a \pm b)^2$$

E-Aufgabe:

Formen Sie nach diesen Formeln um:

a) $4x^2 - 25$ b) $9b^2 + 12bx + 4x^2$

Antwort zu 127:

$$\begin{array}{lll} \text{I}' & (2a + 1) \cdot x - ay = a & \mid \cdot a \\ \text{II}' & (1 - 2a^2) \cdot x + a^2y = a^3 & \\ \text{I}'' & a(2a + 1) \cdot x - a^2y = a^2 & \\ \hline \text{II}' + \text{I}'': & (1 - 2a^2)\,x + a\,(2a + 1)\,x = a^3 + a^2 & \end{array}$$

y wurde eliminiert. Wir haben jetzt **eine** Gleichung mit der **einen** Variablen x erreicht. Daneben kommt natürlich noch die Formvariable a vor.

Aufgabe:

Lösen Sie nach x auf! Kürzen Sie!

Antwort zu 32:

a) $4x^2 - 25 = (2x + 5)(2x - 5)$

b) $9b^2 + 12bx + 4x^2 = (3b + 2x)^2$

Sollten Sie Schwierigkeiten gehabt haben, so beachten Sie bitte

$$4x^2 - 25 = (2x)^2 - 5^2 = (2x + 5) \cdot (2x - 5)$$

Vergleich mit der Formel:

$$a^2 - b^2 = (a + b) \cdot (a - b)$$

Ebenso

$$9b^2 + 12bx + 4x^2 = (3b)^2 + 2 \cdot 3b \cdot 2x + (2x)^2 = (3b + 2x)^2$$

Vergleich mit der Formel: $a^2 + 2 \cdot a \cdot b + b^2 = (a + b)^2$

E-Aufgabe:

a) $42uv + 49u^2 + 9v^2$ b) $44xy - 4x^2 - 121y^2$

c) $9x^2 + 6xy + 4y^2$

Bei Aufgabe b) muß man besonders gut aufpassen. Klammern Sie dort zuerst (-1) aus!

Antwort zu 126:

$$\text{I}' \quad (2a + 1) \cdot x - ay = a$$
$$\text{II}' \quad (1 - 2a^2) \cdot x + a^2y = a^3$$

Wir müssen nun eine Variable eliminieren. Es bietet sich wieder die Additionsmethode an.

Aufgabe:

Multiplizieren Sie geeignet und addieren Sie dann die beiden Gleichungen! Bestimmen Sie die Lösung!

Wenn Sie glauben, daß es Ihnen gelungen ist, so gehen Sie zur Seite 131. Andernfalls schlagen Sie Seite 128 auf!

Antwort zu 33: 34

a) $(7u + 3v)^2$

b) $-(2x - 11y)^2$

Auch $-(11y - 2x)^2$ ist richtig! Wenn Sie es nicht glauben, so machen Sie doch einmal die Probe!

c) $9x^2 + 6xy + 4y^2$ ist nach unseren Formeln nicht umwandelbar. Es gilt nämlich $(3x + 2y)^2 = 9x^2 + \mathbf{12}xy + 4y^2$.

Wenn Sie Fehler gemacht haben, so suchen Sie diese und streichen sie rot an. Überlegen Sie sich die richtige Lösung gründlich! Schreiben Sie diese mit Rotstift in Ihr Heft!

Kehren wir zurück zum Kürzen! Denken Sie immer daran: Nur gemeinsame **Faktoren** von Zähler und Nenner **können gekürzt werden.**

Im Zähler und im Nenner muß jeweils ein Produkt stehen.

E-Aufgabe:

Kann man kürzen?

a) $\frac{3(a+5)}{3a+5}$; $a \neq -\frac{5}{3}$ b) $\frac{3(a+5)}{3a}$; $a \neq 0$

c) $\frac{6m-12}{2-m}$; $m \neq 2$ d) $\frac{3a^2+b}{2a^2+b}$; $b \neq -2a^2$

Wenn Ihre Antwort ja heißt, so kürzen Sie!

Antwort zu 125:

II′ $(1 - 2a^2)x + a^2y = a^3$

Ist Ihre Gleichung nicht richtig, so suchen Sie sehr sorgfältig Ihren Fehler! So etwa sollte die Umformung aussehen:

Schreiben Sie diese ab!

$$\text{II} \quad \frac{(a+x)(y-a)}{x} - \frac{2a^2-1}{a} = y - a \quad | \cdot ax$$

$$a \cdot (a+x)(y-a) - x \cdot (2a^2-1) = ax(y-a)$$

$$a(ay - a^2 + xy - ax) - 2a^2x + x = axy - a^2x$$

$$a^2y - a^3 + axy - a^2x - 2a^2x + x = axy - a^2x$$

$$x - 2a^2x + a^2y = a^3$$

$$\text{II}' \quad (1 - 2a^2)x + a^2y = a^3$$

Achten Sie gut auf die Plus- und Minuszeichen!

Da $a \neq 0$ und $x \neq 0$ vorausgesetzt wurde, ist auch die erste Umformung, die Multiplikation mit ax, eine Äquivalenzumformung.

Aufgabe:

Schreiben Sie die Gleichungen I′ und II′ untereinander!

Antwort zu 34:

a) nein b) ja: $\frac{a+5}{a}$ c) ja: — 6 d) nein

Wenn Sie keinen Fehler gemacht haben, bei c) auch das Vorzeichen richtig hatten, so gehen Sie gleich zur Aufgabe von S. 37. Andernfalls sollen Ihnen die folgenden Seiten helfen, beim Kürzen sicherer zu werden.

Wir betrachten nochmals die letzten Aufgaben:

a) $\frac{3 \cdot (a+5)}{3a+5}$ Kann nicht gekürzt werden; im Nenner steht eine Summe.

b) $\frac{3\ (a+5)}{3a}$ Kann mit 3 gekürzt werden; im Zähler und Nenner stehen Produkte mit dem gleichen Faktor 3.

c) $\frac{6\,m - 12}{2 - m} = \frac{6\,(m-2)}{(2-m)} = \frac{-6\ (2-m)}{1 \cdot (2-m)} = -6$

Zähler und Nenner lassen sich so umformen, daß Produkte mit dem gemeinsamen Faktor (2 — m) auftreten.

d) $\frac{3a^2 + b}{2a^2 + b}$ Die Summen im Zähler und Nenner lassen sich nicht so umwandeln, daß Produkte mit gemeinsamen Faktoren entstehen.

E-Aufgabe: Kürzen Sie wenn möglich

a) $\frac{6\,m - 1}{12\,m}$ b) $\frac{2\,m - 6}{5\,m - 15}$ c) $\frac{4a - 6b}{9b - 6a}$

Durchdenken Sie die folgende ausführliche Umformung von Gleichung I sehr gründlich! Suchen Sie Ihren Fehler und schreiben Sie dann die richtige Lösung ab! Besonders häufig werden hier Vorzeichenfehler gemacht.

$$\text{I} \quad 2x - (a + y) = -\frac{a^2 - a + x}{a} \quad \Big| \cdot a$$

$$2ax - a - (a + y) = -(a^2 - a + x)$$

$$2ax - a^2 - ay = -a^2 + a - x$$

$$2ax + x - ay = a$$

$$\text{I} \quad (2a + 1)\,x - ay = a$$

Aufgabe:

Wenn Ihnen die Umformung von Gleichung II vorhin noch nicht gelungen ist, so versuchen Sie es jetzt nochmals. Bringen Sie

$$\text{II} \quad \frac{(a + x)(y - a)}{x} - \frac{2a^2 - 1}{a} = y - a$$ in die Normalform!

Antwort zu 35:

a) Kann nicht gekürzt werden

b) $\frac{2m - 6}{5m - 15} = \frac{2 \cdot (m - 3)}{5 \cdot (m - 3)} = \frac{2}{5}$

c) $\frac{4a - 6b}{9b - 6a} = \frac{2 \cdot (2a - 3b)}{3\ (3b - 2a)} = \frac{-2\ (3b - 2a)}{3\ (3b - 2a)} = -\frac{2}{3}$

Aufgabe b) ist nur für $m \neq 3$, c) nur für $3b - 2a \neq 0$ sinnvoll.

$\frac{2m - 6}{5m - 15}$ ist nicht für alle Zahlen der Grundmenge $\mathbb{Q}$ definiert. Die Zahl 3 darf man nicht anstelle der Variablen m einsetzen. Die Menge der zulässigen Zahlen nennt man die **Definitionsmenge** des Terms.

Bei dem Term $\frac{4a - 6b}{9b - 6a}$ gehören nur die Paare (a; b) zur Definitionsmenge, für die $3b - 2a \neq 0$ erfüllt ist.

Um kürzen zu können, muß man Zähler und Nenner jeweils in ein Produkt verwandeln. Gemeinsame Faktoren des Zählers und des Nenners kann man kürzen.

E-Aufgabe: Kürzen Sie:

a) $\frac{a \cdot (b + 1)^2}{2b + 2}$ b) $\frac{a\ (b - 2) + 2a}{2b + ab}$ c) $\frac{a - 1}{a - a^2}$

Antwort zu 123:

$$\begin{aligned} I' \quad (2a + 1) \cdot x - ay &= a \\ II' \quad (1 - 2a^2) \cdot x + a^2y &= a^3 \end{aligned}$$

Wenn Sie diese beiden Normalformen nicht fehlerfrei erreicht haben, so schlagen Sie Seite 125 auf!

Wenn Ihnen diese Umformungen fehlerfrei gelungen sind, so lösen Sie das Gleichungssystem nach der Additionsmethode und schlagen dann Seite 131 auf!

Antwort zu 36:

a) $\frac{a\,(b+1)^2}{2b+2} = \frac{a\,(b+1)^2}{2\cdot(b+1)} = \frac{a\cdot(b+1)}{2}$

b) $\frac{a\,(b-2)+2a}{2b+ab} = \frac{ab-2a+2a}{2b+ab} = \frac{ab}{b\,(2+a)} = \frac{a}{2+a}$

c) $\frac{a-1}{a-a^2} = \frac{a-1}{a\,(1-a)} = \frac{-(1-a)}{a\,(1-a)} = -\frac{1}{a}$

Es ist auch hier wieder zu beachten, daß alle Terme sinnvoll sein müssen. Nicht jede rationale Zahl darf für a bzw. b eingesetzt werden. Folgende Einschränkungen sind bei den eben gelösten Aufgaben notwendig:

a) $b \neq -1$

b) $b \neq 0,\ a \neq -2$

c) $a \neq 0,\ a \neq 1$

Überzeugen Sie sich davon!

Bei den folgenden Aufgaben brauchen Sie die vorhin wiederholten Formeln:

E-Aufgabe:

a) $\frac{u^2+6u+9}{u^2-9},\quad u^2-9 \neq 0$

b) $\frac{8b-2a}{a^2-16b^2},\quad a^2-16b^2 \neq 0$

Antwort zu 122:

Zuerst werden die Gleichungen I und II vereinfacht und auf die Normalform $Ax + By = C$ gebracht.

Es ist sehr wesentlich, daß man zuerst die gegebenen Gleichungen vereinfacht. Viele Fehler werden so vermieden.

Immer daran denken:

Gleichungen vereinfachen.

Aufgabe:

Bringen Sie die Gleichungen I und II in die Normalform $Ax + By = C$!

Antwort zu 37:

a) $\frac{u^2 + 6u + 9}{u^2 - 9} = \frac{(u + 3)^2}{(u + 3) \cdot (u - 3)} = \frac{u + 3}{u - 3}$

b) $\frac{8b - 2a}{a^2 - 16b^2} = \frac{2 \cdot (4b - a)}{(a - 4b)\,(a + 4b)} = \frac{-2\,(a - 4b)}{(a - 4b)\,(a + 4b)}$

$$= \frac{-2}{a + 4b}$$

Hatten Sie Schwierigkeiten mit den Formeln, so wiederholen Sie am besten die Seiten 31 bis 33.

Überlegen Sie sich bei jedem Schritt, ob noch gekürzt werden kann! Durch Kürzen können die Aufgaben oft beträchtlich vereinfacht werden.

Nach dieser Übung mit Brüchen wollen wir nochmals eine Gleichung betrachten:

E-Aufgabe:

$$\frac{x}{x - 2} - \frac{1}{x} = 1$$

Beantworten Sie nur die Frage: Was wird man beim ersten Lösungsschritt tun? Rechnen Sie jetzt noch nichts!

IV. Teil

Bei der Auflösung unseres Gleichungssystems haben Sie manches wiederholt, was Ihnen an Algebrakenntnissen nicht mehr geläufig war. Ohne viele Fehler haben Sie die Lösung geschafft. Erleichtert wurde Ihnen die Aufgabe dadurch, daß sie in viele kleine Einzelschritte zerlegt wurde. Sie sollen sich nun an einem anderen Gleichungssystem versuchen, wobei nicht mehr jeder Einzelschritt angegeben wird.

$$\text{I} \qquad 2x - (a + y) = -\frac{a^2 - a + x}{a}$$

$$\text{II} \qquad \frac{(a + x)(y - a)}{x} - \frac{2a^2 - 1}{a} = y - a$$

$x, y \in \mathbb{Q};\ x \neq 0;\ a \in \mathbb{Q};\ a \neq 0;$

Das Gleichungssystem soll nach den Variablen x und y aufgelöst werden. Die Formvariable a vertritt irgendeine von null verschiedene rationale Zahl.

Schreiben Sie dieses Gleichungssystem ab!

Aufgabe:

Was ist beim ersten Lösungsschritt zu tun?

Antwort zu 38:

Nenner beseitigen

oder: Mit dem Hauptnenner multiplizieren

Es ist entscheidend, daß man in der Algebra stets versucht das Problem zu vereinfachen. Sonst wird die Aufgabe oft sehr kompliziert, und Fehler sind dann die Folge.

Merken Sie sich bei Gleichungen mit Brüchen:
Nenner beseitigen!

E-Aufgabe:

Lösen Sie nun die Gleichung

$\frac{x}{x-2} - \frac{1}{x} = 1$, Grundmenge $\mathbb{Q}$

Multiplizieren Sie zuerst mit dem Hauptnenner!

Ergebnisse zu 120:

1. Die Gleichungen müssen zuerst vereinfacht und in die Normalform $Ax + By = C$ gebracht werden.

2. a) I′ $3x + 2y = 5$
   II′ $3x + 2y = 5$
   unendlich viele Lösungen:
   $\mathfrak{L} = \{(x; y) \mid 3x + 2y = 5 \text{ und } x \neq 0\}$

   b) I′ $x = -5$
   II′ $x + 3y = 1$
   genau eine Lösung: $\mathfrak{L} = \{(-5; 2)\}$

   c) I′ $2x - y = 2$
   II′ $2x - y = 1$
   keine Lösung: $\mathfrak{L} = \{\}$

3. $\frac{-a-b}{2-c} = \frac{a+b}{c-2} = -\frac{a+b}{2-c}$ und $-\frac{a-b}{2-c} = \frac{b-a}{2-c}$

   und $-\frac{a+b}{-2+c} = \frac{a+b}{2-c}$, denn man kann umformen
   $-2 + c = c - 2 = -(2-c)$.
   Die in Aufgabe 3 gegebenen Terme sind nur für $c \neq 2$ definiert.

4. $\frac{5}{3-5b}$ (mit b^2 erweitert) $b \neq 0$ und $b \neq \frac{3}{5}$

Antwort zu 39:

Hauptnenner $x\,(x - 2)$

$$\frac{x}{x-2} - \frac{1}{x} = 1 \qquad | \cdot x\,(x - 2)$$

$$x^2 - (x - 2) = x \cdot (x - 2)$$

Haben Sie auch die rechte Seite multipliziert?

$$x^2 - x + 2 = x^2 - 2x$$

$$x = -2$$

Lösungsmenge $\mathfrak{L} = \{-2\}$

Die Grundmenge für die Variable x war wieder $\mathbb{Q}$. Zur Definitionsmenge der Terme gehören aber nicht alle rationalen Zahlen. Damit die Terme auf der linken Seite der Gleichung sinnvoll sind, muß $x \neq 2$ und $x \neq 0$ vorausgesetzt werden. Dann handelt es sich bei der Multiplikation der Gleichung mit $x\,(x - 2)$ um eine Äquivalenzumformung; die Lösungsmenge ändert sich dabei nicht.

Wir betrachten noch zwei kleine, aber tückische Probleme, bei denen oft Fehler gemacht werden:

E-Aufgabe:

Versuchen Sie folgende Gleichung zu lösen!

$$\frac{x}{6} = 0$$

Aufgaben zu Teil III

1. Was muß als erstes getan werden bei der Auflösung eines linearen Gleichungssystems?

2. Lösen Sie folgende Gleichungssysteme! Was läßt sich über die Lösungsmengen aussagen?

   a) I $4(x+1) = x - (2y - 9)$

      II $\frac{5}{x} - \frac{3y}{2x} = 3 + \frac{y}{2x}$ $\qquad x, y \in \mathbb{Q},\ x \neq 0$

   b) I $(x+1)^2 = (x+3)(x-3)$

      II $\frac{3}{4}y - \frac{1-x}{4} = 0$ $\qquad x, y \in \mathbb{Q}$

   c) I $y - (x-2)(x+1) = x(3-x)$

      II $\frac{1}{2} - x = -\frac{y}{2}$ $\qquad x, y \in \mathbb{Q}$

3. Welche der folgenden Terme sind gleich? Schreiben Sie die gleichen Terme nebeneinander und setzen Sie dazwischen Gleichheitszeichen:

   $\frac{-a-b}{2-c}$; $-\frac{a+b}{-2+c}$; $\frac{a+b}{c-2}$; $-\frac{a-b}{2-c}$;

   $-\frac{a+b}{2-c}$; $\frac{b-a}{2-c}$; $\frac{a+b}{2-c}$.

4. $\dfrac{\frac{5}{b^2}}{\frac{3}{b^2} - \frac{5}{b}}$, $b \in \mathbb{Q}$. Was muß man voraussetzen, damit dieser Term definiert ist?

Antwort zu 40:

Die Gleichung hat eine Lösung, nämlich die Zahl 0.
Die Lösungsmenge enthält nur die Zahl 0:
$\mathfrak{L} = \{0\}$

Ausführlich: $\frac{x}{6} = 0 \quad | \cdot 6$

$\frac{x \cdot 6}{6} = 0 \cdot 6$

also $x = 0$

Denken Sie daran:
$0 \cdot 6$ ergibt null!

Und nun versuchen Sie die folgende ähnlich aussehende Aufgabe zu lösen:

E-Aufgabe:

$\frac{6}{x} = 0$

Wir stellen zum Schluß nochmals zusammen:

Das Gleichungssystem

$$\text{I} \quad cxy - (x - c)(9 + cy) = -3c$$

$$\text{II} \quad \frac{cy - x}{y} = \frac{c}{3}$$

$$x, y \in \mathbb{Q}, y \neq 0, c \in \mathbb{Q}$$

hat für $c \neq 0$, $c \neq 6$ genau eine Lösung, nämlich

$$\mathfrak{L} = \left\{\left(\frac{8c}{6-c} ; \quad \frac{12}{6-c} \right)\right\}$$

für $c = 0$ unendlich viele Lösungen, nämlich

$$\mathfrak{L}_0 = \{(x; y) \mid x = 0, y \neq 0\}$$

für $c = 6$ keine Lösung:

$$\mathfrak{L}_6 = \{\}.$$

Aufgabe:

Schreiben Sie diese Lösungsmengen in Ihr Heft!

$\mathfrak{L} =$

$\mathfrak{L}_0 =$

$\mathfrak{L}_6 =$

U

Antwort zu 41:

Es gibt **keine** Lösung, auch **nicht** die Lösung 0!
0 gehört überhaupt nicht zur Definitionsmenge des Terms $\frac{6}{x}$, da null nicht im Nenner stehen kann.
Man kann auch sagen: „Die Lösungsmenge ist leer.“
$\mathfrak{L} = \{\}$. Sie kennen vielleicht auch die Schreibweise $\mathfrak{L} = \emptyset$ für die leere Menge.

Denken Sie genau mit:
Es gibt keine Zahl, die Sie statt x einsetzen könnten, so daß $\frac{6}{x}$ die Zahl null ergibt.

Versuchen wir es mit einigen Zahlen, die wir für x einsetzen:

$$\frac{6}{3} = 2; \quad \frac{6}{12} = \frac{1}{2}; \quad \frac{6}{-1} = -6; \quad \frac{6}{600} = \frac{1}{100}.$$

Ein Bruch ist nur dann gleich null, wenn der Zähler gleich null ist, z. B. $\frac{0}{7}$; $\frac{0}{82}$ usw.

$\frac{6}{x}$ ist also niemals gleich null, welche Zahl wir auch für x einsetzen.

Man nennt Gleichungen, deren Lösungsmenge leer ist, **unerfüllbar.**

E-Aufgabe:

Bestimmen Sie die Lösungsmengen:

a) $\frac{x}{9} = 0$ b) $\frac{5}{x} = 0$ c) $\frac{7}{x} = 1$ d) $\frac{x}{3} = x$

e) $(x + 1)^2 = x^2 + 2x + 1$

Antwort zu 117:

Das Gleichungssystem

$$\begin{aligned} \text{I}' \quad x - 4y &= 8 \\ \text{II}' \quad x - 4y &= 0 \end{aligned}$$

hat keine Lösungen. Die Lösungsmenge ist leer.

$\mathfrak{L}_6 = \{ \}$.

In der geometrischen Veranschaulichung sind die beiden Geraden parallel.

Wenn $x - 4y$ für eine Einsetzung den Wert 8 haben soll, so kann sich nicht gleichzeitig der Wert 0 ergeben. Es gibt kein Wertepaar (x; y), das beide Gleichungen erfüllt.

Für (8; 2) z. B. ergibt sich 0, aber nicht 8; (8; 2) ist also keine Lösung.

Für (20; 3) dagegen ergibt sich 8, aber nicht 0; (20; 3) ist ebensowenig eine Lösung.

Die Lösungsmenge des Gleichungssystems ist leer, wenn man die Formvariable c durch 6 ersetzt.

Antwort zu 42:
a) $\mathfrak{L} = \{0\}$ b) $\mathfrak{L} = \{\}$ c) $\mathfrak{L} = \{7\}$ d) $\mathfrak{L} = \{0\}$ e) $\mathfrak{L} = \mathbb{Q}$

zu d) $\frac{x}{3} = x \Rightarrow \frac{x}{3} - x = 0 \Rightarrow -\frac{2}{3}x = 0 \Rightarrow x = 0.$

Bei b) gibt es keine Lösung, die Lösungsmenge ist leer. Bei a), d) gibt es eine Lösung, nämlich die Zahl null.

Bei e) sind alle Zahlen der Grundmenge $\mathbb{Q}$ Lösungen. Man nennt solche Gleichungen **allgemeingültig** in der Grundmenge.

Auf Seite 46 beginnt der II. Teil. Lösen Sie aber vorher zu Ihrer eigenen Kontrolle noch die Aufgaben auf Seite 44!

U

Antwort zu 116:

$$I' \quad x - 4y = 8$$
$$II' \quad x - 4y = 0$$

Die beiden Gleichungen unterscheiden sich nur auf der rechten Seite. Gesucht ist ein Wertepaar (x; y), das beide Gleichungen erfüllt.

Die geometrische Veranschaulichung dieser beiden Gleichungen sehen Sie hier.

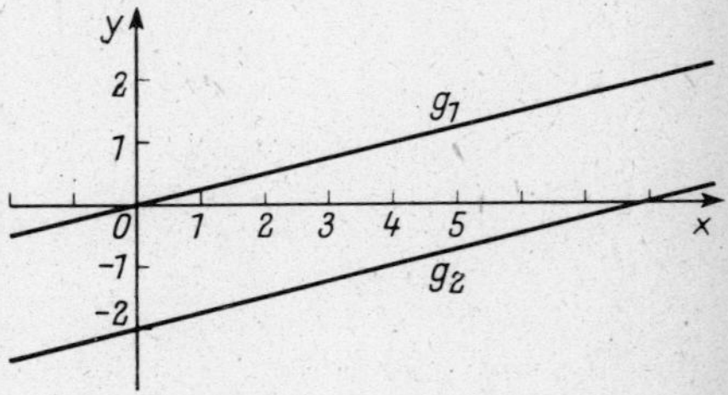

Aufgabe:

Können Sie sich denken, was sich über die Lösung dieses Gleichungssystems sagen läßt?

Lösen Sie bitte die folgenden E-Aufgaben:

1. Vereinfachen Sie $a^2 - (a + b)(2a - c)$
2. Bringen Sie die Gleichung
   $5 - ax = y + 3$ in die Normalform $Ax + By = C$!
3. $\frac{3b}{2a(b-1)^2} - \frac{b}{a^2(b-1)}$ Subtrahieren Sie!
4. Wann sind die Brüche in Nr. 3 definiert?
5. Kürzen Sie, wenn möglich
   a) $\frac{4a+8}{3a+6}$; $a \neq -2$ b) $\frac{3m}{6m+2}$; $m \neq -\frac{1}{3}$
   c) $\frac{9-4a^2}{6-4a}$; $a \neq \frac{3}{2}$ d) $\frac{4-2by}{4}$
6. Multiplizieren Sie mit dem Hauptnenner:
   $5 + \frac{3}{2p^2} - \frac{p-1}{6p} = 0$; $p \neq 0$
7. Lösen Sie die Gleichung $\frac{3}{2x} + \frac{x}{x+2} = 1$
8. a) $\frac{x}{5} = 0$ b) $\frac{x}{7} = 1$ c) $\frac{8}{x} = 0$ d) $\frac{9}{x} = 1$
9. Vereinfachen Sie $3b \cdot (2a \cdot 5b)$
10. Wie lautet die Lösungsmenge der folgenden Gleichungen und wie nennt man diese Gleichungen daher?
    a) $x^2 - 1 = (x + 1)(x - 1)$ b) $x + 1 = x$

116

Antwort zu 115:

$$
\begin{aligned}
\text{II} \qquad \frac{6y - x}{y} &= 2 \qquad \Big|\cdot y \\
6y - x &= 2y \\
-x + 6y - 2y &= 0 \\
-x + 4y &= 0 \qquad \Big|\cdot (-1) \\
\text{II}' \qquad x - 4y &= 0
\end{aligned}
$$

Aufgabe:

Schreiben Sie nun die beiden Gleichungen I′ und II′ nochmals untereinander!

Lösungen zu Seite 44:

Wenn Sie Fehler gemacht haben, empfehlen wir Ihnen die jeweils in Klammern hinter dem Ergebnis stehenden Seiten nochmals durchzuarbeiten. Sie dürfen sich in Zweifelsfällen natürlich auch jederzeit an Ihren Lehrer wenden.

1. $-a^2 + ac - 2ab + bc$ (S. 6 bis 9)
2. $-ax - y = -2$ oder besser $ax + y = 2$ (S. 11 bis 15)
3. $\frac{3ab - 2b^2 + 2b}{2a^2 (b - 1)^2}$ (S. 16 bis 22)
4. Wenn die Nenner ungleich null sind. Das ist der Fall für $a \neq 0$ und $b \neq 1$. (S. 22 bis 24)
5. a) $\frac{4}{3}$ gekürzt durch $(a + 2)$ b) geht nicht
   c) $\frac{3 + 2a}{2}$ gekürzt durch $(3 - 2a)$ d) $\frac{2 - by}{2}$
   (S. 30 bis 38)
6. $29p^2 + 9 + p = 0$ Hauptnenner $6p^2$ (S. 27 bis 30)
7. $\mathfrak{L} = \{6\}$ (S. 38 bis 40)
   Sollte Ihre Lösung -6 lauten so haben Sie vermutlich auf der rechten Seite $2x \cdot (x + 2)$ falsch ausmultipliziert.
8. a) $\mathfrak{L} = \{0\}$ b) $\mathfrak{L} = \{7\}$
   c) keine Lösung: $\mathfrak{L} = \{\}$ d) $\mathfrak{L} = \{9\}$ (S. 40 bis 43)
9. $30ab^2$ (S. 6 und 7)
10. a) $\mathfrak{L} = \mathbb{Q}$, allgemeingültig
   b) $\mathfrak{L} = \{\}$, unerfüllbar (S. 42, 43)

115

Antwort zu 114:

$$
\begin{aligned}
\text{I} \quad & 6xy - (x - 6) \cdot (9 + 6y) = -18 \\
& 6xy - 9x - 6xy + 54 + 36y = -18 \\
& -9x + 36y = -72 \quad |:(-9) \\
\text{I}' \quad & x - 4y = 8
\end{aligned}
$$

Wenn Sie vorsichtig waren, haben Sie nach der ersten Zeile noch einen Zwischenschritt eingeschoben:

$$6xy - (9x + 6xy - 54 - 36y) = -18$$

Aufgabe:

Bringen Sie nun Gleichung II $\frac{6y - x}{y} = 2$ in die Normalform!

II. Teil

Unser Gleichungssystem lautet:

$$\text{I} \quad cxy - (x - c) \cdot (9 + cy) = -3c$$

$$\text{II} \quad \frac{cy - x}{y} = \frac{c}{3}$$

Im Teil I dieses Lehrprogramms brachten wir Gleichung I in die Normalform Ax + By = C und wiederholten in den E-Aufgaben einiges aus der Algebra. Wir wenden uns jetzt der Gleichung II zu. Wichtig ist zuerst:

Gleichung vereinfachen!

Aufgabe:

Beseitigen Sie in Gleichung II die Nenner!

Antwort zu 113:

6 für c:

$$\text{I} \quad 6xy - (x - 6) \cdot (9 + 6y) = -18$$

$$\text{II} \quad \frac{6y - x}{y} = 2$$

Diesmal ist das Gleichungssystem nicht ganz so einfach! Es wird uns aber keine Schwierigkeiten bereiten.

Aufgabe:

Bringen Sie Gleichung I auf die Normalform $Ax + By = C$!
Vorsicht wegen des Minuszeichens vor der Klammer!

Antwort zu 46.

$$\text{II} \quad \frac{cy - x}{y} = \frac{c}{3} \quad | \cdot 3y$$

$$(cy - x) \cdot 3 = cy$$

$$3cy - 3x = cy$$

Das Ausmultiplizieren von Klammern, Ordnen und Zusammenfassen der Glieder haben wir schon bei Gleichung I geübt.

Da y im Nenner auftritt, gehören nur die Paare (x; y) zur Definitionsmenge, für die $y \neq 0$ erfüllt ist.

Aufgabe:

Bringen Sie die Gleichung in die Normalform $Ax + By = C$!

Antwort zu 112:
6

Für 0 statt c erkannten wir, daß unser Gleichungssystem ein besonderes Verhalten zeigt. Die Lösungsmenge enthält nicht genau ein Wertepaar, sondern unendlich viele.

Auch für 6 statt c können wir ein besonderes Verhalten erwarten. Wir wollen diesen Fall ebenfalls untersuchen.

Aufgabe:

Setzen Sie in unserem ursprünglichen Gleichungssystem für c die Zahl 6 ein!

Antwort zu 47:

$$-3x + 3cy - cy = 0$$

$$\text{II}' \quad -3x + 2cy = 0$$

Natürlich könnte man auch $3x - 2cy = 0$ als Normalform verwenden.

Wenn Sie die E-Aufgaben wirklich getrennt von den anderen Aufgaben aufgeschrieben haben, so sehen Sie, daß es in wenigen Zeilen gelang, beide Gleichungen unseres Gleichungssystems in die Normalform zu bringen. Dies ist ein sehr wichtiger Abschnitt.

Bringen Sie die Gleichungen immer zuerst in die Normalform.

Dadurch wird die Aufgabe oft beträchtlich vereinfacht!

Aufgabe:

Schreiben Sie jetzt das vereinfachte Gleichungssystem nochmals untereinander!

I′ (Gleichung I′ finden Sie in Ihrem Heft)

II′

Antwort zu 111:

Ich weiß nicht, was Sie gewählt haben; vielleicht $(0; \frac{1}{2})$ oder $(0; 2)$?

Sie haben eine große Auswahl. Die erste Zahl des Zahlenpaars muß jedenfalls null, die zweite ungleich null sein.

Wird c durch 0 ersetzt, so gibt es unendlich viele Wertepaare als Lösungen. Die Lösungsmenge $\mathfrak{L}$ enthält unendlich viele Elemente.

$$\mathfrak{L}_0 = \{(x; y) \mid x = 0 \text{ und } y \neq 0\}$$

Kennen Sie diese Schreibweise? Sie bedeutet: Die Lösungsmenge $\mathfrak{L}_0$ enthält alle Wertepaare $(x; y)$, die den Bedingungen $x = 0$ und $y \neq 0$ genügen.

Aufgabe:

Welche Zahl, außer null, durften wir nicht für c einsetzen? (Sehen Sie, wenn nötig, auf Seite 109 nach!)

Antwort zu 48:

$$\begin{aligned} &I' & 9x - c^2y &= 12c \\ &II' & -3x + 2cy &= 0 \end{aligned}$$

In der Normalform einer linearen Gleichung mit 2 Variablen x, y steht auf der linken Seite nur ein Glied, das x als Faktor enthält und ein Glied, das y enthält. Sind zunächst etwa mehrere y-Glieder vorhanden, so faßt man sie durch Ausklammern von y in einem Glied zusammen.

Auf der rechten Seite dürfen die Variablen x und y nicht mehr vorkommen.

Bevor wir an unserem Gleichungssystem weiterarbeiten, wollen wir noch einige E-Aufgaben lösen.

E-Aufgabe:

$$x - \frac{y}{a} = \frac{x}{2a} + \frac{y}{2} + 1, \quad a \neq 0$$

Bringen Sie die Gleichung in die Normalform $Ax + By = C$!
Zuerst werden natürlich die Nenner beseitigt.

111

Antwort zu 110:

$-x \cdot 9 = 0$ ist nur für 0 erfüllt.

Ein Produkt ist nur dann null, wenn mindestens ein Faktor null ist.

Sie könnten formal auch so vorgehen

$$\begin{aligned} -x \cdot 9 &= 0 \qquad \Big| : (-9) \\ x &= \frac{0}{-9} = 0 \end{aligned}$$

Wird für x die Zahl 0 eingesetzt, so ist auch Gleichung II $\frac{-x}{y} = 0$ offenbar erfüllt, wobei für y irgendeine Zahl gewählt werden kann, nur nicht null; im Nenner darf ja niemals null stehen.

Lösungen des Systems sind z. B. (0; 1) oder (0; — 3).

Aufgabe:

Geben Sie zwei weitere Lösungspaare an!

Antwort zu 49:

$$x - \frac{y}{a} = \frac{x}{2a} + \frac{y}{2} + 1 \quad | \cdot 2a$$

$$2ax - 2y = x + ay + 2a$$

$$(2a - 1)x - (2 + a)y = 2a$$

Bitte, kontrollieren Sie Ihr Ergebnis genau und verbessern Sie Fehler!

Haben Sie *alle* Glieder mit 2a multipliziert?

Haben Sie x bzw. y ausgeklammert und auch die Plus- und Minuszeichen richtig? Dann blättern Sie um zu S. 52!

Hatten Sie Schwierigkeiten, oder haben Sie nicht mehr ausgeklammert, so fahren Sie hier fort.

E-Aufgabe:

$6p + 3q^2$

Welche Zahl ist als Faktor in den beiden Gliedern enthalten? Klammern Sie aus!

Antwort zu 109:

$$c = 0: \quad \text{I} \quad -x \cdot 9 = 0$$

$$\text{II} \quad \frac{-x}{y} = 0$$

Das Gleichungssystem wird in diesem Falle sehr einfach. Gleichung I enthält nur die Variable x.

Aufgabe:

Für welchen Wert von x ist die Gleichung I erfüllt?

Antwort zu 50:

In 6p und in $3q^2$ ist jeweils der Faktor 3 enthalten.

$$6p + 3q^2 = 3 \cdot 2p + 3 \cdot q^2 = 3\ (2p + q^2)$$

Es gilt, die einzelnen Glieder in ihre Faktoren zu zerlegen und gemeinsame Faktoren vor die Klammer zu ziehen. Achten Sie dabei gut auf die Plus- und Minuszeichen!

Zur Kontrolle sollte man die Klammer im Kopf wieder ausmultiplizieren.

Mancher Fehler läßt sich dadurch vermeiden.

E-Aufgabe:

$21ab — 35a^2$

Klammern Sie aus!

Antwort zu 108:
0 und 6 mußten ausgeschlossen werden.

Für diese Werte wissen wir also nichts über die Lösung unseres Gleichungssystems.

Sind Sie nicht neugierig, was in diesen Fällen passiert?

Aufgabe:

Setzen Sie in unserem ursprünglichen Gleichungssystem für c die Zahl 0 ein!

Antwort zu 51:

$$21ab - 35a^2 = 3 \cdot 7 \cdot a \cdot b - 5 \cdot 7 \cdot a \cdot a$$
$$= 7a \cdot (3b - 5a)$$

Das Zerlegen der einzelnen Glieder in Faktoren hat nur Sinn, wenn man dann gemeinsame Faktoren ausklammern kann.

Einige typische Fehler werden beim Ausklammern oft gemacht. Passen Sie bei der folgenden Aufgabe gut auf! Multiplizieren Sie Ihr Ergebnis im Kopf aus und kontrollieren Sie, ob sich wirklich der ursprüngliche Term ergibt. Auf diese Weise kann man viele Fehler vermeiden.

E-Aufgabe:

$-a^2x + abx - ax$; Klammern Sie $-ax$ aus!

Achten Sie darauf: Es soll $-ax$, nicht $+ax$ ausgeklammert werden.

Wir hatten zuletzt bei unserem Gleichungssystem

$$\text{I} \quad cxy - (x - c)(9 + cy) = -3c$$

$$\text{II} \quad \frac{cy - x}{y} = \frac{c}{3}$$

für die Formvariable c die Zahl 2 eingesetzt.

Ebenso könnten wir statt c irgendeine andere Zahl einsetzen. Wir wissen, daß die Lösung $\left(\frac{8c}{6 - c}; \frac{12}{6 - c}\right)$ lautet. Bei der Auflösung des Gleichungssystems mußten wir aber zwei Werte ausschließen, die nicht für c eingesetzt werden durften.

Aufgabe:

Welche Werte mußten ausgeschlossen werden? (Vergleichen Sie Seite 67!)

Antwort zu 52:

$$-a^2x + abx - ax = -ax \cdot (a - b + 1)$$

Nach dem Ausklammern soll man zur Kontrolle im Kopf wieder ausmultiplizieren. Es muß sich der ursprüngliche Term ergeben. Vor allem Fehler bei den Plus- und Minuszeichen werden dadurch vermieden.

Wir wollen jetzt lineare Gleichungssysteme in Normalform betrachten.

I $3x + 4y = 10$

II $5x - 2y = 8$

Die Grundmenge sei wieder die Menge der rationalen Zahlen; $x, y \in \mathbb{Q}$. Anstelle von x und y dürfen also rationale Zahlen eingesetzt werden.

Gesucht sind geordnete Paare (x; y), die die Gleichung I **und** die Gleichung II erfüllen. Man spricht von geordneten Paaren, weil es auf die Reihenfolge ankommt. Die erste Zahl wird statt x, die zweite statt y eingesetzt.

E-Aufgabe:

Schreiben Sie sich das auf dieser Seite stehende Gleichungssystem auf und prüfen Sie, ob folgende Wertepaare Gleichung I oder II erfüllen:

a) $(4; -\frac{1}{2})$ b) (4; 6) c) (2; — 1)

Antwort zu 106:

(4; 3)

Auf Grund der Ergebnisse von Seite 104 wissen wir, daß die Lösungsmenge des Gleichungssystems nur dieses eine Wertepaar enthält.

Das Gleichungssystem läßt sich wieder geometrisch veranschaulichen. Es lautete in der Normalform

I′ $9x - 4y = 24$, zugeordnet Gerade g_1

II′ $-3x + 4y = 0$, zugeordnet Gerade g_2

Allen Wertepaaren, die I′ erfüllen, entsprechen Punkte auf der Geraden g_1, z. B. den auf Seite 105 genannten Paaren. Entsprechend für Gleichung II′. Nur der Punkt (4; 3) liegt auf beiden Geraden.

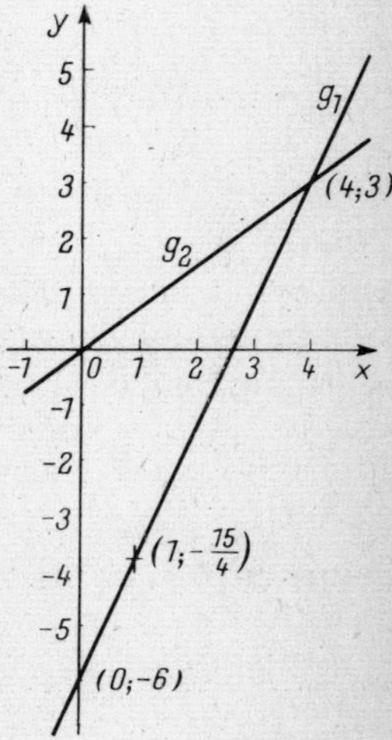

Aufgabe:

Sehen Sie auf Seite 106 oben nach, welcher y-Wert bei Gleichung II′ zum x-Wert 2 gehört und suchen Sie diesen Punkt in der Zeichnung.

Sie müssen diesmal keine Antwort in Ihr Heft schreiben.

Antwort zu 53:

a) Gleichung I ist erfüllt, Gleichung II ist nicht erfüllt
b) I nicht erfüllt, II erfüllt
c) weder I noch II erfüllt

Die angegebenen Wertepaare dürfen zwar eingesetzt werden, sind aber keine Lösungen des Gleichungssystems. Es müssen ja beide Gleichungen von einem geordneten Paar (x; y) erfüllt werden.

Nun wollen wir das Auflösen eines linearen Gleichungssystems üben. Wir verwenden zunächst eine Methode, die oft am bequemsten ist, die Additionsmethode. Sollte sie Ihnen unbekannt sein, so macht es nichts aus. Sie ist nicht schwer.

E-Aufgabe:

I $3x + 4y = 10$
II $5x - 2y = 8$

Es nützt meist nichts, die Gleichungen einfach zu addieren. Probieren wir es trotzdem. Addieren Sie die beiden linken Seiten und die beiden rechten Seiten der Gleichungen so wie sie dastehen.

Antwort zu 105:

Es gibt unendlich viele Möglichkeiten z. B.:

x	-1	$\frac{1}{2}$	1	2	4	5	8
y	$-\frac{3}{4}$	$\frac{3}{8}$	$\frac{3}{4}$	$\frac{3}{2}$	3	$\frac{15}{4}$	6

Auch die Lösungsmenge $\mathfrak{L}_{II}$ umfaßt unendlich viele Elemente. Wenn das Gleichungssystem gelöst werden soll, so gilt es, die Wertepaare zu finden, die beide Gleichungen erfüllen, die also zu $\mathfrak{L}_{I'}$ **und** $\mathfrak{L}_{II'}$ gehören. Anders ausgedrückt:

Gesucht ist der Durchschnitt der Mengen $\mathfrak{L}_{I'}$ und $\mathfrak{L}_{II'}$.
Man schreibt $\mathfrak{L}_{I'} \cap \mathfrak{L}_{II'}$.

Aufgabe:

Welches Wertepaar gehört zu beiden Lösungsmengen $\mathfrak{L}_{I'}$ und $\mathfrak{L}_{II'}$?

Antwort zu 54:

$$I + II : 8x + 2y = 18$$

In dieser Gleichung kommt wieder x **und** y vor. Das hilft uns nicht weiter! Wir müssen unter allen Umständen erreichen, daß wir nur noch **eine** Gleichung mit **einer** Variablen haben. Die x- oder die y-Glieder müssen bei der Addition der Gleichungen wegfallen.

Der einfachste Weg ist in unserem Fall, Gleichung II mit 2 zu multiplizieren.

E-Aufgabe:

Tun Sie das und addieren Sie die Gleichungen dann!

Antwort zu 104:

$$\text{I}' \quad 9x - 4y = 24$$

$$\text{II}' \quad -3x + 4y = 0 \quad \text{oder} \quad 3x - 4y = 0$$

Wenn Sie Schwierigkeiten hatten, lesen Sie die Seiten 9 bis 11 und 46 bis 49 nach!

Wir wollen dieses Gleichungssystem in Normalform noch unter einem anderen Gesichtspunkt betrachten.

Die Gleichung I′ $9x - 4y = 24$ oder umgeformt $y = \frac{9x-24}{4}$ besitzt sehr viele Lösungen. Die Lösungsmenge $\mathfrak{L}_{I'}$ umfaßt unendlich viele Elemente. Man kann für x irgendeine Zahl einsetzen und den dazu passenden y-Wert berechnen.

z. B.

x	-2	0	$\frac{2}{3}$	1	3	4	6	8
y	$-\frac{21}{2}$	-6	$-\frac{9}{2}$	$-\frac{15}{4}$	$\frac{3}{4}$	3	$\frac{15}{2}$	12

Diese Wertepaare gehören beispielsweise zur Lösungsmenge der Gleichung I′.

Aufgabe:

Bestimmen Sie auch einige Lösungen der Gleichung II′ $-3x + 4y = 0$!

Antwort zu 55:

$$\begin{array}{lrl} \text{II} & 5x - 2y = & 8 \quad | \cdot 2 \\ \text{II}' & 10x - 4y = & 16 \\ \text{I} & 3x + 4y = & 10 \\ \hline \text{I} + \text{II}' & 13x \qquad = & 26 \end{array}$$

Durch Addition der Gleichungen I und II′ wurde erreicht, daß nun nur noch *eine* Gleichung mit *einer* Variablen übrig ist.

E-Aufgabe:

Lösen Sie nach x auf!

104

Antwort zu 103:

$$\frac{8 \cdot 2}{6-2} = \frac{16}{4} = 4, \quad \frac{12}{6-2} = \frac{12}{4} = 3$$

Also heißt die Lösung (4; 3).

Dieses spezielle Gleichungssystem lautete:

$$\text{I} \quad 2xy - (x-2)(9+2y) = -6$$

$$\text{II} \quad \frac{2y-x}{y} = \frac{2}{3}$$

Aufgabe:

Bringen Sie die Gleichungen dieses speziellen Gleichungssystems auf die Normalform!

Antwort zu 56:

$$13x = 26$$

$$x = \frac{26}{13} = 2$$

Es fehlt noch y. Wir setzen den gefundenen Wert für x in Gleichung I oder II ein.

E-Aufgabe:

Setzen Sie die Zahl 2 an Stelle von x in Gleichung II ein und lösen Sie nach y auf!

Antwort zu 102:

2 für c:

$$\text{I} \quad 2xy - (x - 2)(9 + 2y) = -6$$

$$\text{II} \quad \frac{2y - x}{y} = \frac{2}{3}$$

Dieses Gleichungssystem macht uns jetzt natürlich keine Mühe.

Sie brauchen nur in der Lösung $\left(\frac{8c}{6 - c}; \frac{12}{6 - c}\right)$ ebenfalls c durch 2 zu ersetzen.

Aufgabe:

Wie lautet also die Lösung des obenstehenden Gleichungssystems?

Antwort zu 57:

$$\begin{aligned} \text{II:} \quad 5x - 2y &= 8 \\ \text{2 statt x eingesetzt:} \quad 5 \cdot 2 - 2y &= 8 \\ 10 - 2y &= 8 \\ -2y &= -2 \\ y &= \frac{-2}{-2} = 1 \end{aligned}$$

Setzt man (2; 1) in unser Gleichungssystem ein, so werden beide Gleichungen erfüllt.

Wir haben als Lösung (2; 1) gefunden. Das heißt, die Lösungsmenge des Gleichungssystems enthält ein Element, nämlich das Wertepaar (2; 1); in Mengenschreibweise: $\mathfrak{L} = \{(2; 1)\}$.

Auf der nächsten Seite finden Sie eine geometrische Veranschaulichung dieses Problems. Erinnern Sie sich, daß einem geordneten Zahlenpaar, z. B. (2; 1) in einem Koordinatensystem ein Punkt entspricht?

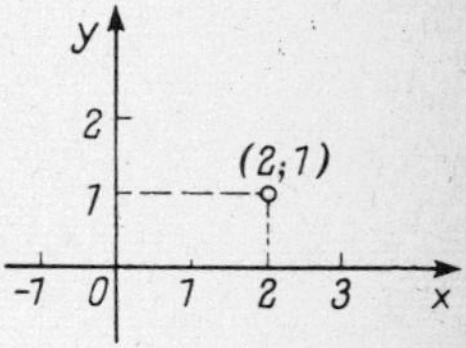

E-Aufgabe:

Was entspricht in einem Koordinatensystem einer linearen Gleichung mit den Variablen x, y? Z. B. $3x + 4y = 10$.

Wenn Sie diese Frage nicht beantworten können, so hilft Ihnen die geometrische Veranschaulichung auf der nächsten Seite wahrscheinlich nicht viel. Sie können dann gleich die Aufgabe von Seite 59 lösen.

102

Antwort zu 101:

$$\frac{\dfrac{12c}{6-c}-\dfrac{8c}{6-c}}{\dfrac{12}{6-c}}=\frac{12c-8c}{12}=\frac{4c}{12}=\frac{c}{3}$$

Unsere Lösung $\left(\frac{8c}{6-c};\ \frac{12}{6-c}\right)$ erfüllt auch die Gleichung II, sie ist also Lösung unseres Gleichungssystems. Im Grund genommen haben wir eigentlich nicht **ein** Gleichungssystem gelöst, sondern sehr viele. Die Formvariable c vertritt ja irgendeine rationale Zahl.

U

Aufgabe:

Wie lautet unser Gleichungssystem, wenn Sie statt c die Zahl 2 einsetzen?

Antwort zu 58:
Eine Gerade

In der Zeichnung sind die Geraden eingezeichnet, die zu den beiden Gleichungen des Systems von Seite 54 gehören. Jedem Punkt auf der ersten Geraden entspricht ein Zahlenpaar, das Gleichung I $3x + 4y = 10$ erfüllt.

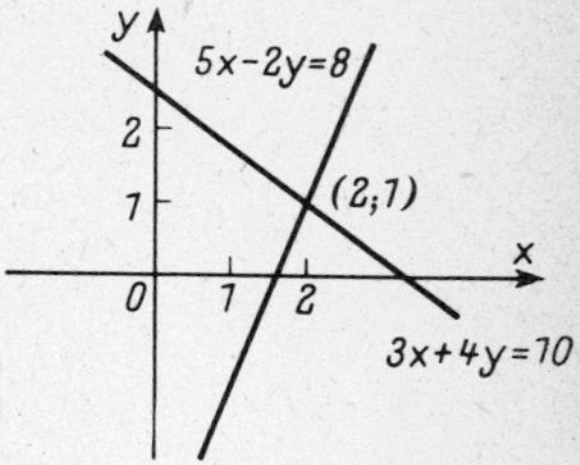

Entsprechend für Gleichung II. Es gibt genau einen Punkt, nämlich (2; 1), der auf beiden Geraden liegt. Das Wertepaar (2; 1) erfüllt beide Gleichungen.

Das eben gelöste Gleichungssystem enthielt außer den beiden Variablen x, y keine weiteren Buchstaben. Wir fanden als Lösung ein Zahlenpaar.

U

Wir lösen jetzt ein Gleichungssystem mit den Variablen x und y, bei dem noch ein Buchstabe c erscheint. Für jede Einsetzung von $c \in \mathbb{Q}$ erhält man ein Gleichungssystem mit den Variablen x, y. Man löst also eigentlich unendlich viele Gleichungssysteme auf einmal. Man nennt c eine Formvariable oder Konstante.

E-Aufgabe: Lösen Sie nach der Additionsmethode

$$\begin{array}{ll} \text{I} & x + 2y = c \\ \text{II} & 2x - 3y = 1 \end{array}$$

Antwort zu 100:

$$= \frac{12c - 8c}{6 - c} : \frac{12}{6 - c} = \frac{4c}{6 - c} : \frac{12}{6 - c}$$

$$= \frac{4c \cdot (6 - c)}{(6 - c) \cdot 12} = \frac{c}{3}$$

Haben Sie die Klammern nicht vergessen? Sie sind unbedingt notwendig!

Es gibt aber noch einen eleganteren Weg!

Man kann bei einem Doppelbruch mit dem Hauptnenner der Einzelbrüche erweitern z. B.

$$\frac{\frac{4}{3} - \frac{2}{3}}{\frac{7}{3}} = \frac{4 - 2}{7}$$

Zähler und Nenner wurden mit 3 multipliziert.

Aufgabe:

Den Term $\dfrac{c \cdot \frac{12}{6 - c} - \frac{8c}{6 - c}}{\frac{12}{6 - c}}$ sollen Sie jetzt mit (6 — c) erweitern, also die Glieder im Zähler und Nenner mit (6 — c) multiplizieren. Wenn Sie dann gleich die Einzelbrüche mit (6 — c) kürzen, erhalten Sie eine starke Vereinfachung.

Antwort zu 59:

Lösung: $\left(\frac{2 + 3c}{7}; \frac{2c - 1}{7}\right)$

Für x und y ergeben sich Terme, in denen die Formvariable c auftritt. Haben Sie diese Lösung gefunden, so schlagen Sie Seite 62 auf! Andernfalls arbeiten Sie hier weiter:

$$\begin{array}{ll} \text{I} & x + 2y = c \\ \text{II} & 2x - 3y = 1 \end{array}$$

E-Aufgabe:

Berechnen Sie y, indem Sie Gleichung I mit (— 2) multiplizieren und dann die Gleichungen addieren!

Antwort zu 99: Linke Seite von Gleichung II:

$$\frac{c \cdot \frac{12}{6-c} - \frac{8c}{6-c}}{\frac{12}{6-c}}$$

Hoffentlich haben Sie keine Angst vor diesem Doppelbruch. Es gibt 2 Möglichkeiten um weiterzukommen. Ein Bruchstrich ist gleichwertig mit einem Divisionszeichen.

Man kann also schreiben:

$$\left(\frac{12c}{6-c} - \frac{8c}{6-c}\right) : \frac{12}{6-c}$$

Klammer nicht vergessen!

Das Gesetz für die Division zweier Brüche lautet allgemein:

$$\frac{a}{b} : \frac{c}{d} = \frac{a \cdot d}{b \cdot c}$$

mit $b \neq 0$, $c \neq 0$, $d \neq 0$.

Aufgabe:

Subtrahieren Sie in der Klammer, dividieren Sie und kürzen Sie schließlich.

Antwort zu 60:

$$
\begin{array}{lrcl}
\text{I}' & -2x - 4y & = & -2c \\
\text{II} & 2x - 3y & = & 1 \\
\hline
\text{I}' + \text{II} & -7y & = & -2c + 1 \\
 & 7y & = & +2c - 1 \\
 & y & = & \dfrac{2c - 1}{7}
\end{array}
$$

Es fehlt noch der Lösungsterm für x. Man könnte den für y gefundenen Term in I oder II einsetzen.

Man erhält den x-Term aber auch leicht, wenn man wieder vom Gleichungssystem ausgeht und Gleichung I mit 3, Gleichung II mit 2 multipliziert.

E-Aufgabe:

Berechnen Sie nach der Additionsmethode den Lösungsterm für x!

99

Antwort zu 98:

1) $\frac{4}{a+3} - 5 = \frac{4 - 5(a+3)}{a+3} = \frac{4 - 5a - 15}{a+3}$

$= \frac{-11 - 5a}{a+3} = -\frac{11 + 5a}{a+3}$ für $a \neq -3$

2) $a \cdot \frac{3}{ab} \cdot \frac{5}{b} = \frac{a \cdot 3 \cdot 5}{ab \cdot b} = \frac{15}{b^2}$ für $a \neq 0, b \neq 0$

3) $\frac{18 - 12a + 2a^2}{(a-3)^2} = \frac{2(9 - 6a + a^2)}{(a-3)^2} = \frac{2(3-a)^2}{(a-3)^2} = \frac{2(a-3)^2}{(a-3)^2} = 2$

für $a \neq 3$

Vergleichen Sie Ihre Lösung immer sorgfältig! Suchen Sie Ihren Fehler und verbessern Sie ihn mit Rotstift. Bei der ersten Aufgabe muß man vor allem die Vorzeichen kontrollieren!

Sie haben wohl eingesehen, daß die Probe ein sehr gutes Training war. Darum gleich noch den 2. Teil der Probe, er ist einfacher.

Aufgabe:

Setzen Sie $\frac{8c}{6-c}$ für x und $\frac{12}{6-c}$ für y in die linke Seite unserer Gleichung II $\frac{cy - x}{y} = \frac{c}{3}$ ein!

Antwort zu 61:

$$\begin{array}{rl} \text{I}'' & 3x + 6y = 3c \\ \text{II}'' & 4x - 6y = 2 \\ \hline \text{I}'' + \text{II}'' & 7x \quad\quad = 3c + 2 \\ & x = \frac{3c + 2}{7} \end{array}$$

Wir fanden als Lösung das geordnete Paar $\left(\frac{3c + 2}{7}; \frac{2c - 1}{7}\right)$, in dem noch die Formvariable c auftritt.

Ersetzt man c z. B. durch die Zahl 25, so erhält man das Gleichungssystem

$$\begin{array}{rl} \text{I} & x + 2y = 25 \\ \text{II} & 2x - 3y = 1 \end{array}$$

mit der Lösung $\left(\frac{75 + 2}{7}; \frac{50 - 1}{7}\right) = (11; 7)$

Wir haben jetzt das Lösen von linearen Gleichungssystemen wiederholt.

Nach dieser Übung wagen wir uns an unser Gleichungssystem von Seite 49 oben, das Sie in Ihrer Hauptrechnung aufgeschrieben haben. Am einfachsten ist es hier, die x-Glieder zum Verschwinden zu bringen.

Aufgabe:

Multiplizieren Sie geeignet und addieren Sie dann die Gleichungen so, daß man **eine** Gleichung bekommt, die nur noch y enthält. Die x-Glieder müssen wegfallen.

98

Antwort zu 97:

$$= \frac{-3c \cdot (6-c)^2}{(6-c)^2} = -3c$$

Unsere Lösung erfüllt also Gleichung I.

Es kann sein, daß man die Glieder in der Klammer in anderer Reihenfolge erhalten hatte: $(c^2 - 12c + 36)$.

Dann ergibt sich $\frac{-3c \cdot (c-6)^2}{(6-c)^2}$.

Mancher kommt hier nicht mehr weiter.

Es ist $(c - 6) = -(6 - c)$. Für die Quadrate spielt das Vorzeichen aber keine Rolle. Es gilt

$(c-6)^2 = [-(6-c)]^2 = (6-c)^2$, also

$$\frac{-3c\,(c-6)^2}{(6-c)^2} = \frac{-3c\,(6-c)^2}{(6-c)^2} = -3c$$

E-Aufgabe:

Zur Übung noch ein paar Einzelaufgaben

1) $\frac{4}{a+3} - 5$ 2) $a \cdot \frac{3}{ab} \cdot \frac{5}{b}$ 3) $\frac{18 - 12a + 2a^2}{(a-3)^2}$

Antwort zu 62:

$$
\begin{array}{lrcl}
I' & 9x - c^2y & = & 12c \\
II' & -3x + 2cy & = & 0 \qquad | \cdot 3 \\
II'' & -9x + 6cy & = & 0 \\
\hline
I' + II'' & -c^2y + 6cy & = & 12c
\end{array}
$$

Hoffentlich haben Sie nicht = 3 geschrieben!
$0 \cdot 3 = 0$

Wenn Sie die entsprechenden Glieder sorgfältig untereinander schreiben, vor allem Gleichheitszeichen unter Gleichheitszeichen, so vermeiden Sie manchen Fehler.

Aufgabe:

Lösen Sie die letzte Gleichung nach y auf und vereinfachen Sie!

97

Antwort zu 96:

$$= \frac{96c^2 - (108c + 6c^2 + 54c^2 + 3c^3)}{(6 - c)^2}$$

$$= \frac{36c^2 - 108c - 3c^3}{(6 - c)^2} = \frac{-3c\,(-12c + 36 + c^2)}{(6 - c)^2}$$

Es ist günstiger, $-3c$ statt $+3c$ auszuklammern. Man kann dann eine Formel anwenden.

Nun sind wir fast am Ziel.
$-3c$ erwarten wir als Ergebnis.

Die Klammer $(36 - 12c + c^2)$ kann man nach der Formel $(a - b)^2 = a^2 - 2ab + b^2$ zerlegen.

Aufgabe:

Formen Sie beim nächsten Schritt die Klammer im Zähler nach dieser Formel um und kürzen Sie dann!

Antwort zu 63:

$$y = \frac{12}{6 - c}$$

Haben Sie dies richtig, so gehen Sie zur Seite 66! Anderenfalls arbeiten Sie hier weiter!

Die Gleichung lautete: $-c^2y + 6cy = 12c$
Wir müssen die Gleichung zunächst auf die Form $y \cdot A = B$ bringen!

Aufgabe:

Klammern Sie y aus und außerdem c!
Vergessen Sie nicht das Vorzeichen am Anfang der Gleichung!

Antwort zu 95:

$$= \frac{96c^2}{(6 - c)^2} - \frac{(2c + c^2) \cdot (54 + 3c)}{(6 - c) \cdot (6 - c)}$$

$$= \frac{96c^2}{(6 - c)^2} - \frac{108c + 6c^2 + 54c^2 + 3c^3}{(6 - c)^2}$$

Die Nenner dieser Brüche sind gleich; wir können also ohne weiteres subtrahieren.

Aufgabe:

Subtrahieren Sie die Brüche, fassen Sie gleichartige Glieder zusammen und klammern Sie soweit möglich im Zähler aus!

Antwort zu 64:

$$yc\ (-c + 6) = 12c$$

oder auch $yc\ (6 - c) = 12c$

In der Gleichung

$$-c^2y + 6cy = 12c$$

konnten Sie natürlich die Glieder der linken Seite nach dem Kommutativgesetz vertauschen.

Ausführlich:

$$\begin{aligned} & -c^2y + 6cy \\ = {} & 6cy + (-c^2y) \\ = {} & 6\,cy - c^2y \end{aligned}$$

Jetzt hat unsere Gleichung die Form $y \cdot A = B$ mit $A = c \cdot (6 - c)$, $B = 12c$.

Achten Sie bei einer solchen Gleichung immer darauf, daß der Koeffizient A und das Glied B die Variable (in unserem Fall y) **nicht** mehr enthalten dürfen!

Aufgabe:

Lösen Sie jetzt unsere Gleichung nach y auf!

95

Antwort zu 94:

$$= \frac{96c^2}{(6-c)(6-c)} - \frac{8c-6c+c^2}{6-c} \cdot \frac{54-9c+12c}{6-c}$$

$$= \frac{96c^2}{(6-c)^2} - \frac{2c+c^2}{6-c} \cdot \frac{54+3c}{6-c}$$

Die beiden Brüche werden wieder nach der Regel multipliziert: Zähler mal Zähler durch Nenner mal Nenner. Selbstverständlich kommt zuerst die Multiplikation an die Reihe und dann erst die Subtraktion: „Punkt vor Strich".

Aufgabe:

Multiplizieren Sie die beiden Brüche. Im Nenner wird man nicht ausmultiplizieren, sondern wie beim ersten Bruch die Potenzschreibweise verwenden.

Antwort zu 65:

$$yc \cdot (6 - c) = 12c \quad \big| : [c \cdot (6 - c)]$$

$$y = \frac{12}{6 - c}$$

Ursprünglich durfte für die Formvariable c irgendeine rationale Zahl eingesetzt werden: $c \in \mathbb{Q}$.

Wir haben jetzt aber durch $c \cdot (6 - c)$ dividiert. Das ist natürlich nur möglich, wenn dieser Term $c\,(6 - c)$ nicht null ist.

Die Division durch null ist sinnlos.

Aufgabe:

Welche Bedingungen müssen also erfüllt sein, damit diese Lösung für y richtig ist?

Antwort zu 93:

$$= \frac{c \cdot 8c \cdot 12}{(6 - c) \cdot (6 - c)} - \frac{8c - c \cdot (6 - c)}{6 - c} \cdot \frac{9 \cdot (6 - c) + 12c}{6 - c}$$

Es kann sein, daß Ihnen dies nicht ganz gelungen ist. Dann durchdenken Sie diesen Lösungsschritt genau und verbessern Sie Ihr Ergebnis!

Bei dem Produkt vorn gilt natürlich: Die Zähler werden miteinander multipliziert und ebenso die Nenner.

Damit in der ersten Klammer c auf den Bruchstrich gebracht werden konnte, mußte es vorher mit (6 — c) erweitert werden:

$$\frac{8c}{6 - c} - c = \frac{8c}{6 - c} - \frac{c \cdot (6 - c)}{6 - c} = \frac{8c - c \cdot (6 - c)}{6 - c}$$

Aufgabe:

Beim nächsten Schritt vereinfachen wir die einzelnen Zähler.

Antwort zu 66:

Für $c \neq 0$ und $c \neq 6$ ist der Lösungsterm für y richtig

Wenn Sie nur eine Bedingung gefunden haben, so lesen Sie doch den Text von S. 66 nochmals genau!

$c \cdot (6 - c)$ darf nicht null sein. Dafür lauten die Bedingungen $c \neq 0$, $c \neq 6$, da weder der Faktor c noch der Faktor $(6 - c)$ gleich null sein darf.

Ein Produkt ist null, wenn mindestens ein Faktor null ist.

Man darf nicht nur auf den Nenner des Ergebnisses sehen. Es kommt auch darauf an, ob die Gleichung vorher schon einmal durch einen Term dividiert wurde. Das wird oft vergessen! Zur Übung einige E-Aufgaben:

E-Aufgabe:

$c^2x + 3cx = c + 3, \quad x \in \mathbb{Q}, \quad c \in \mathbb{Q}$

a) Lösen Sie nach x auf!

b) Welche Bedingungen müssen erfüllt sein, damit der Lösungsweg tatsächlich begangen werden kann?

Die Vereinfachung des Terms

$$c \cdot \frac{8c}{6 - c} \cdot \frac{12}{6 - c} - \left(\frac{8c}{6 - c} - c\right) \cdot \left(9 + \frac{12c}{6 - c}\right)$$

ist Ihnen noch nicht gelungen. Ich will Ihnen helfen. Sie werden sehen, daß diese Aufgabe gar nicht so schwierig ist.

Aufgabe:

Bringen Sie im ersten Schritt die Glieder in der ersten und in der zweiten Klammer jeweils auf den Hauptnenner $6 - c$ und schreiben Sie die drei Faktoren am Anfang des Terms auf einen Bruchstrich. Sie wissen doch, wie man Brüche miteinander multipliziert.

Antwort zu 67:

a) $x \cdot (c^2 + 3c) \quad = c + 3$

$x \cdot c \cdot (c + 3) = c + 3 \qquad | : [c \cdot (c + 3)]$

$x = \frac{1}{c}$

b) $c \neq 0,\ c \neq -3$

Schreiben Sie immer auf, durch welchen Term Sie dividieren. Zerlegen Sie diesen Divisor möglichst in Faktoren!

Achten Sie immer darauf, ob dieser Term für eine Einsetzung null werden kann.

E-Aufgabe:

Lösen Sie bitte noch folgende Gleichungen nach y auf!

a) $(3 - p) \cdot y = 3 + 2p$

b) $(-c^2 + 2c) \cdot y = 4 - 2c$

Kürzen Sie das Ergebnis, wenn möglich!

Welche Voraussetzungen müssen gemacht werden?

Antwort zu 91:

Probe: Linke Seite von Gleichung I:

$$c \cdot \frac{8c}{6 - c} \cdot \frac{12}{6 - c} - \left(\frac{8c}{6 - c} - c\right) \cdot \left(9 + \frac{12c}{6 - c}\right)$$

Wenn unsere Lösung richtig ist, muß sich dieser komplizierte Term so vereinfachen lassen, daß sich $-3c$ ergibt. (Das steht ja auf der rechten Seite von Gleichung I.)

Die Vereinfachung erfordert schon einige Sicherheit in der Algebra. Versuchen Sie diese Umformung selbständig durchzuführen. Wenn sie Ihnen gelingt, so gehen Sie auf Seite 98. Gelingt es nicht, so arbeiten Sie auf der nächsten Seite weiter.

Antwort zu 68:

a) $y = \dfrac{3 + 2p}{3 - p}$, $p \neq 3$ Man kann nicht kürzen!

b) $y = \dfrac{4 - 2c}{-c^2 + 2c} = \dfrac{2\,(2 - c)}{c\,(-c + 2)} = \dfrac{2\,(2 - c)}{c\,(2 - c)} = \dfrac{2}{c}$

$c \neq 2$ und $c \neq 0$

Bei Aufgabe b) wurde durch $(-c^2 + 2c)$ bzw. $c\,(-c + 2)$ dividiert. Da die Division durch null sinnlos ist, mußte $c \neq 2$ **und** $c \neq 0$ vorausgesetzt werden, obwohl im Ergebnis nur noch c im Nenner steht.

E-Aufgabe:

$(3d - d^2) \cdot y = 3d + 2dy$

Lösen Sie nach der Variablen y auf!

Antwort zu 90:

Man probiert aus, ob $\left(\frac{8c}{6-c}; \frac{12}{6-c}\right)$ das ursprüngliche Gleichungssystem erfüllt. Man macht also die Probe.

Die Probe stellt für uns gleichzeitig eine sehr wertvolle Übung dar, die uns hilft im Umgang mit Brüchen und Doppelbrüchen sicherer zu werden.

Natürlich müssen wir dabei $c \neq 6$ voraussetzen, sonst sind die Terme $\frac{8c}{6-c}$ und $\frac{12}{6-c}$ nicht definiert.

Aufgabe:

Schreiben Sie über das Folgende „Probe".

Setzen Sie $\frac{8c}{6-c}$ für x und $\frac{12}{6-c}$ für y in die **linke** Seite von Gleichung I $cxy - (x - c)(9 + cy) = -3c$ ein!

Ist Ihr Ergebnis

$y = \frac{3d \quad 2dy}{3d - d^2}$ so gehen Sie zur Seite 71

$y = \frac{3}{1 - d}$ so gehen Sie zur Seite 72

$y = \frac{3 + 2y}{3 - d}$ so gehen Sie zur Seite 71

$y = \frac{3d}{d - d^2}$ so gehen Sie zur Seite 72

Antwort zu 89:

a) $(0; 1)$

b) Keine Lösung. Es gibt kein Wertepaar $(x; y)$, das Gleichung I und Gleichung II erfüllt.
Die Lösungsmenge ist leer. $\mathfrak{L} = \{\}$.

Dieses Beispiel zeigt, daß noch Vorsicht am Platz ist, wenn man schon glaubt, die Lösung gefunden zu haben.

Wir kehren nun zu dem ursprünglichen Gleichungssystem dieses Lehrprogramms zurück.

Aufgabe:

Erkennen Sie eine Möglichkeit festzustellen, ob $\left(\frac{8c}{6-c}; \frac{12}{6-c}\right)$ tatsächlich Lösung ist?

Sie haben einen schweren Fehler gemacht, den man leider oft sieht.

Bei $y = \frac{3d + 2dy}{3d - d^2}$ oder gekürzt $y = \frac{3 + 2y}{3 - d}$ kommt auf der rechten Seite noch die Variable y vor, nach der aufgelöst werden soll!

Sie müssen zuerst alle Glieder, die die Variable enthalten, auf eine Seite bringen!

Streichen Sie Ihre Lösung durch und verbessern Sie:

$$(3d - d^2)y = 3d + 2dy$$
$$3dy - d^2y - 2dy = 3d$$
$$dy - d^2y = 3d$$
$$(d - d^2)y = 3d \quad | : (d - d^2)$$
$$y = \frac{3d}{d - d^2}$$
$$y = \frac{3d}{d(1 - d)}$$
$$y = \frac{3}{1 - d}$$

E-Aufgabe:

$(3q + 5) \cdot y = 2qy$

Lösen Sie nach der Variablen y auf!

Gehen Sie jetzt zur Seite 73

89

Antwort zu 88:

Gleichung II wurde mit x multipliziert:

$$\text{II} \quad \frac{y}{x} - 1 = \frac{1}{x} \quad \Big| \cdot x$$

$$\text{II}' \quad y - x = 1 \qquad \text{oder} - x + y = 1$$

Während II für (0; 1) sinnlos ist, wird II′ vom Wertepaar (0; 1) offenbar erfüllt. II und II′ sind keine äquivalenten Gleichungen!

Es gilt aber: Wenn man eine Gleichung mit einer von null verschiedenen Zahl multipliziert, so erhält man eine äquivalente Gleichung.

E-Aufgabe:

Wir betrachten das Gleichungssystem nochmals in der Normalform und in der Form, in der es gegeben war:

a) I $2x + y = 1$ b) I $2x + y = 1$

II′ $y - x = 1$ II $\frac{y}{x} - 1 = \frac{1}{x}$

Welche Lösungen haben diese Gleichungssysteme?

Sie haben die Aufgabe von Seite 69 richtig gelöst.

$$y = \frac{3d}{d - d^2} = \frac{3d}{d\,(1 - d)} = \frac{3}{1 - d}$$ Haben Sie auch gekürzt?

Alle Glieder, die die Variable enthalten, müssen zuerst auf eine Seite gebracht werden.

E-Aufgabe:

$(3q + 5) \cdot y = 2qy$

Lösen Sie nach der Variablen y auf!

Antwort zu 87:
Gleichung I wird erfüllt, Gleichung II dagegen nicht.

Würde man 0 für x in die Gleichung

$$\text{II} \quad \frac{y}{x} - 1 = \frac{1}{x}$$

einsetzen, so wäre sie überhaupt sinnlos! (0; 1) ist also nicht Lösung!

Da x im Nenner auftritt, hätte man von vornherein erkennen können, daß $x \neq 0$ vorauszusetzen ist.

Nur für $x \neq 0$ sind die Terme von Gleichung II definiert.

E-Aufgabe:

Versuchen Sie in Ihrem Heft bei der Auflösung dieses Gleichungssystems die Umformung zu finden, durch die man zu einer nichtäquivalenten Gleichung kam, wo sich also das Wertepaar (0; 1) als Lösung eingeschlichen hat.

Antwort zu 71 und 72:

$y = 0$

Vergleichen Sie die ausführliche Lösung und verbessern Sie, wenn es nötig ist:

$$(3q + 5)y = 2qy$$
$$3qy + 5y - 2qy = 0$$
$$qy + 5y = 0$$
$$(q + 5) \cdot y = 0 \quad | : (q + 5)$$
$$y = \frac{0}{q + 5}$$
$$y = 0$$

E-Aufgabe:

Die beiden zuletzt gelösten Gleichungen lauteten:

a) $(3d - d^2)\,y = 3d + 2dy$ b) $(3q + 5)\,y = 2qy$

Welche Voraussetzungen müssen über d und q gemacht werden, damit der Lösungsweg gangbar ist?

Antwort zu 86:

Zuerst beseitigt man bei Gleichung II die Nenner.
Man findet das Zahlenpaar (0; 1)

Wir wollen vorsichtig sein und überprüfen, ob das Zahlenpaar (0; 1) tatsächlich Lösung des Gleichungssystems ist.

E-Aufgabe:

Versuchen Sie 0 statt x und 1 statt y zuerst in

I $2x + y = 1$ und dann in

II $\frac{y}{x} - 1 = \frac{1}{x}$ einzusetzen!

Erfüllt (0; 1) die Gleichungen I und II?

Antwort zu 73: **74**

a) $d \neq 0$ und $d \neq 1$ b) $q \neq -5$

zu a) $(d - d^2) \cdot y = 3d \mid : d(1 - d)$, also $d \neq 0$ und $d \neq 1$

Wenn Sie Schwierigkeiten haben oder wenn Ihnen eine Antwort nicht klar ist, so wenden Sie sich an Ihren Lehrer. Vielleicht kann Ihnen auch ein Mitschüler helfen. **U**

Wenn Sie jetzt schon mehr als eine halbe Stunde ohne Unterbrechung an dem Lehrprogramm gearbeitet haben, ist es zweckmäßig eine Pause einzulegen.

Nun zurück zu unserem Gleichungssystem.

Wir fanden $y = \frac{12}{6 - c}$.

Es fehlt noch der Lösungsterm für x! Wir können ihn erhalten, wenn wir den Lösungsterm $\frac{12}{6 - c}$ statt y in eine Gleichung unseres Systems einsetzen.

Aufgabe:

In welche Gleichung wollen Sie einsetzen?

Wir betrachten

$$\begin{array}{ll} \text{I} & 2x + y = 1 \\ \text{II} & \frac{y}{x} - 1 = \frac{1}{x} \end{array} \qquad x, y \in \mathbb{Q}$$

Die Gleichung I hat bereits die Normalform $Ax + By = C$. Man wird Gleichung II auf die Normalform bringen und nach der Additionsmethode z. B. nach x auflösen.

Den y-Wert gewinnt man dann sofort aus Gleichung I.

E-Aufgabe:

Suchen Sie die Lösung des obenstehenden Gleichungssystems!
Wenn Sie Schwierigkeiten haben, sollten Sie sich nochmals die Seiten 81 und 54 ansehen.

Antwort zu 74:

in II′ $-3x + 2cy = 0$

Sie müssen unbedingt immer in die einfachste Gleichung einsetzen!

Sehr viele Mißerfolge beim Lösen von Gleichungssystemen beruhen darauf, daß in eine zu komplizierte Gleichung eingesetzt wird. Wählen Sie eine Gleichung der Normalform $Ax + By = C$, in unserem Fall am besten
II′ $-3x + 2cy = 0$.

Suchen Sie sich stets die einfachste Gleichung zum Einsetzen! Es lohnt sich!

Aufgabe:

Berechnen Sie den x-Wert, indem Sie den für y gefundenen Term in II′ einsetzen!

III. Teil

Wir haben das Gleichungssystem

$$\text{I} \quad cxy - (x - c)\,(9 + cy) = -3c$$

$$\text{II} \quad \frac{cy - x}{y} = \frac{c}{3}$$

gelöst und fanden für $c \neq 0$, $c \neq 6$ die Lösung

$$\left(\frac{8c}{6 - c}; \frac{12}{6 - c}\right).$$

Vielleicht betrachten Sie dieses Problem nun für erledigt. Genaugenommen trifft dies aber nicht zu; die Mathematik ist ja berühmt dafür, daß sie sich auf voreilige Schlüsse nicht einläßt. Man darf noch nicht behaupten, daß die gefundenen Terme

$$\frac{8c}{6 - c} \text{ für x und } \frac{12}{6 - c} \text{ für y}$$

wirklich unser Gleichungssystem erfüllen. Wir wollen uns dies an einem einfachen Beispiel in einer Ergänzungsaufgabe klarmachen.

Antwort zu 75:

$$x = \frac{8c}{6 - c}$$

Achten Sie auf die Vorzeichen!

Haben Sie dieses Ergebnis gefunden, so gehen Sie gleich nach S. 77. Andernfalls arbeiten Sie hier weiter.

Wir setzen ein:

$\frac{12}{6 - c}$ statt y in II':

$$-3x + 2cy = 0$$

$$-3x + 2c \cdot \frac{12}{6 - c} = 0$$

$$-3x = \frac{-24c}{6 - c}$$

Aufgabe:

Dividieren Sie durch — 3!

Das Gleichungssystem, von dem wir ausgingen, ist nun gelöst. Wir haben lange dazu gebraucht, weil wir vieles dabei wiederholt haben. Der folgende dritte Teil dringt nun noch tiefer in das Problem ein. Sollten Sie ganz besonders große Schwierigkeiten in Mathematik haben, so können Sie diesen Teil III eventuell überspringen. Bearbeiten Sie in diesem Fall nach der Aufgabe unten auf dieser Seite die Aufgaben 1 und 3 auf S. 120! Besser ist es aber, Sie versuchen sich an Teil III.

Aufgabe:

Ob Sie unser Gleichungssystem nun selbständig lösen können, merken Sie erst, wenn Sie es allein versuchen.

Schlagen Sie deshalb eine neue Heftseite auf und lösen Sie das Gleichungssystem von Seite 1 nochmals.

Vergleichen Sie dann die Lösung und den Lösungsweg mit demjenigen, den sie vorher unter Anleitung des Programms gegangen sind.

Antwort zu 76:

$$-3x = \frac{-24c}{6-c} \quad \Big| : (-3)$$

$$x = \frac{8c}{6-c}$$

Wenn man $\frac{12}{6-c}$ in eine ungünstige Gleichung einsetzt, z. B. in eine der ursprünglichen Gleichungen I oder II, wird die Aufgabe komplizierter. Meist treten Doppelbrüche auf, und Fehler bleiben dann selten aus.

Wir wollen uns in Teil III noch mit Doppelbrüchen befassen. Doch zunächst ein einfaches Rechengesetz, das uns manchen Doppelbruch überhaupt fernhält.

E-Aufgabe:

Einen Bruch dividiert man durch eine Zahl, indem man den .... mit dieser Zahl multipliziert!

a) Ergänzen Sie das fehlende Wort!

b) $\frac{a}{b} : c =$ ...., $b \neq 0$, $c \neq 0$

Ergebnisse zu 82:

1. $2x - 5(a+1)y = 0$
   Die Gleichung wurde zuerst mit dem Hauptnenner $2x(a+1)$ multipliziert. (S. 47 bis 53)

2. $x = \frac{2(1+a^2)}{4+a^2}$, $y = \frac{-3a}{4+a^2}$; (S. 60 bis 66)

3. Alle Lösungsschritte waren ohne Einschränkung gültig. Es waren Äquivalenzumformungen.
   Es wurde zwar durch $4 + a^2$ dividiert, aber dieser Term ist stets ungleich null, welche rationale Zahl auch immer für a eingesetzt wird (S. 66 bis 74)

Sehen Sie Ihr Heft nach roten Korrekturen durch und überlegen Sie sich nochmals, was Sie an den betreffenden Stellen falsch gemacht hatten.

Antwort zu 77:

a) Nenner

b) $\frac{a}{b} : c = \frac{a}{b \cdot c}$, $b \neq 0$ und $c \neq 0$

Vielleicht erschien Ihnen diese Aufgabe allzu harmlos. Und doch wird gerade dieses Rechengesetz oft nicht angewendet:

Zum Beispiel wird bei der Aufgabe

$$(a + 2)\,x = \frac{2a}{a - 2} \quad \text{geschrieben:} \quad x = \frac{\frac{2a}{a-2}}{a + 2}$$

Das ist zwar nicht falsch, aber umständlich.

Das wichtigste Gesetz für Doppelbrüche lautet:

Vermeiden Sie Doppelbrüche möglichst!

E-Aufgabe:

Lösen Sie $(a + 2)\,x = \frac{2a}{a - 2}$ ohne Doppelbruch!

Welche Voraussetzungen müssen gemacht werden, damit das Ergebnis sinnvoll ist?

Lösen Sie zum Abschluß von Teil II folgende
E-Aufgaben:

1. Bringen Sie die folgende Gleichung in die Normalform $Ax + By = C$.

   $$1 - \frac{2y}{x} = \frac{a}{a+1} + \frac{y}{2x}, \quad x \neq 0,\ a \neq -1$$

2. $$\begin{aligned} &\text{I} \quad 2x + ay = 1, \qquad x, y \in \mathbb{Q}, \quad a \in \mathbb{Q} \\ &\text{II} \quad ax - 2y = 2a \end{aligned}$$

   Berechnen Sie die Lösungsterme für x und für y nach der Additionsmethode!

3. Warum müssen bei dem Gleichungssystem der obenstehenden Aufgabe 2 während des Lösungswegs keine Einsetzungen für a ausgeschlossen werden?

Antwort zu 78:

$$(a + 2)\,x = \frac{2a}{a - 2} \qquad \Big|\, : (a + 2) \qquad a \neq 2,\; a \neq -2$$

$$x = \frac{2a}{(a - 2)(a + 2)} = \frac{2a}{a^2 - 4}$$

Formel:

$(a - b)(a + b) = a^2 - b^2$

Der Nenner wurde mit $(a + 2)$ multipliziert. Doppelbrüche wurden vermieden.

Wir fanden in der Hauptaufgabe $x = \frac{8c}{6 - c}$, indem wir den Lösungsterm $\frac{12}{6 - c}$ für y in II′ von Seite 49 einsetzten. Wir hätten y auch nach der Additionsmethode aus I′ und II′ eliminieren können. Zur Übung sollen Sie dies noch durchführen. Die Additionsmethode ist in vielen Fällen am günstigsten.

Aufgabe:

Berechnen Sie nach der Additionsmethode den Lösungsterm für x!

$$\text{I}' \qquad 9x - c^2y = 12c$$
$$\text{II}' \qquad -3x + 2cy = 0$$

Sie müssen beide Gleichungen so multiplizieren, daß die y-Glieder sich nur noch im Vorzeichen unterscheiden.

Wenn Sie Schwierigkeiten haben, so können Sie die Seiten 54 bis 57 wiederholen.

Haben Sie sich die Schritte nochmals überlegt?
Man kann sie etwa folgendermaßen beschreiben:

1. Gleichung I wurde vereinfacht und in die Normalform $Ax + By = C$ gebracht.
2. Bei Gleichung II wurden die Nenner beseitigt und die Normalform hergestellt.
3. Nach geeigneter Multiplikation wurden die Gleichungen addiert, so daß eine Variable (es war x) wegfiel.
4. Aus der so erhaltenen Gleichung wurde die andere Variable (y) berechnet.
5. Diese wurde in eine Gleichung des *vereinfachten* Gleichungssystems eingesetzt.
6. Aus der so erhaltenen Gleichung wurde die noch fehlende Variable (x) berechnet.

Achten Sie immer darauf:

Die Gleichungen müssen zuerst vereinfacht werden! Es muß in eine möglichst einfache Gleichung eingesetzt werden!

Aufgabe:
Schreiben Sie sich diese beiden Sätze in Ihr Heft ab und streichen Sie sie noch an, damit sie sich gut einprägen!

Antwort zu 79:

$$\begin{array}{llr}
\text{I}' & 9x - c^2y = 12c & \mid \cdot 2 \\
\text{II}' & -3x + 2cy = 0 & \mid \cdot c \\
\text{I}'' & 18x - 2c^2y = 24c & \\
\text{II}'' & -3cx + 2c^2y = 0 & \text{Vorsicht! } 0 \cdot c = 0 \\
\hline
\text{I}'' + \text{II}'' & 18x - 3cx = 24c & \text{Die y-Glieder fallen weg.} \\
 & x \cdot (18 - 3c) = 24c & \mid : 3(6 - c) \\
 & x = \frac{24c}{3(6-c)} & \\
 & x = \frac{8c}{6-c} &
\end{array}$$

Schritt für Schritt haben wir nun das Gleichungssystem gelöst. Nachträglich betrachtet war es doch eigentlich gar nicht schwer. Die Lösungsmenge enthält ein Element, nämlich das geordnete Paar $\left(\frac{8c}{6-c}; \frac{12}{6-c}\right)$.

Überlegen Sie sich bitte nochmals an Hand Ihres Heftes die einzelnen Schritte, die notwendig waren, und drehen Sie erst dann das Buch um 180°!